SOCIÉTÉ DES AMIS DE L'UNIVERSITÉ

DE NORMANDIE

L'UNIVERSITÉ

DE CAEN

COMPTE RENDU

DES

FÊTES D'INAUGURATION

CAEN

IMPRIMERIE CHARLES VALIN

7 ET 9, RUE AU CANU

1897

L'UNIVERSITÉ DE CAEN

COMPTE RENDU

DES

FÊTES D'INAUGURATION

SOCIÉTÉ DES AMIS DE L'UNIVERSITÉ

DE NORMANDIE

L'UNIVERSITÉ

DE CAEN

COMPTE RENDU

DES

FÊTES D'INAUGURATION

CAEN

IMPRIMERIE CHARLES VALIN

7 ET 9, RUE AU CANU

—

1897

L'UNIVERSITÉ DE CAEN

COMPTE RENDU

DES

FÊTES D'INAUGURATION

'INAUGURATION de *l'Université de Caen* renaissant avec tout son éclat après un sommeil de plus d'un siècle, n'est pas seulement un événement d'une extrême importance pour notre vie provinciale que les meilleurs patriotes doivent partout s'efforcer de restaurer ; elle intéresse aussi au plus haut point l'avenir de l'Enseignement supérieur.

C'est une date qui marquera dans l'histoire de la Normandie et dans celle de la France.

Mais, plus et mieux que tous, les *Amis de l'Université de Normandie* devront se réjouir du résultat déjà obtenu et des espérances qu'il permet de concevoir. Lorsque la *Société des Amis de l'Université* fut fondée, il y a deux ans, le projet de loi qui vient de recevoir application était encore, à beaucoup d'égards, plongé dans les limbes législatives. La résurrection des antiques Universités, signalée comme nécessaire par les meilleurs esprits, n'en apparaissait pas moins comme une menace pour les groupes de Facultés établis dans les centres les moins populeux. N'avait-on pas parlé de procéder, en ce qui les concernait, par voie d'extinction plus ou moins lente, afin de concentrer tout l'effort des pouvoirs publics sur certaines régions plus favorisées et jugées seules aptes au maintien d'établissements d'enseignement supérieur viables et prospères ? C'est certainement à l'activité, à l'énergie déployées dans les villes ainsi menacées qu'est dû en grande partie le caractère général donné par le législateur à la restauration des anciennes Universités. Nul centre intellectuel ne se trouve donc déshérité ; et toutes les Universités françaises, placées par le législateur sur un pied d'égalité, vont pouvoir, dans une émulation féconde, prouver leur vitalité par leurs travaux.

Quant à la *Société des Amis de l'Université de Normandie*, son rôle n'est pas terminé. Il commence. C'est à elle qu'il appartiendra de provoquer, de stimuler et de soutenir les efforts qui devront tendre à donner à nos Facultés un caractère original et bien normand, et leur assigner une place à part dans l'ensemble harmonieux des Universités françaises. Il importe donc que le nombre de nos adhérents ne cesse pas de grandir. Après deux ans d'existence, nous sommes déjà 720 ; il faut que l'année 1897 nous trouve *mille*. Que nos sociétaires nous viennent en aide par leur propagande individuelle, et puissent-ils trouver, dans le récit des manifestations qui ont salué à Caen l'inauguration de notre Université renaissante, de nouveaux motifs d'espérance dans le résultat de nos efforts communs.

LES fêtes organisées à Caen par la *Société des Amis de l'Université*, à l'occasion de l'inauguration de l'Université normande, se sont succédé dans l'ordre suivant:

PREMIER JOUR : *Séance solennelle de rentrée;*
Assemblée générale des Amis de l'Université;
Grand banquet par souscriptions.

SECOND JOUR : *Représentation de gala au théâtre.*

TROISIÈME JOUR : *Grande réception chez M. le Recteur.*

La coïncidence de la session semestrielle du Conseil académique a permis d'associer à ces fêtes dans une large mesure les représentants des diverses régions du ressort universitaire et des trois ordres d'enseignement. Ajoutons que toutes

les solennités annoncées ont attiré un grand
concours de population, et ont donné lieu à des
manifestations de sympathies unanimes de la part
des autorités, des corps élus, des journaux de
toute nuance politique.

PREMIÈRE JOURNÉE

SÉANCE SOLENNELLE DE RENTRÉE

NOUS empruntons en grande partie à un journal local le récit fort exact de cette solennité :

A L'HOTEL DE VILLE

Le premier acte des fêtes universitaires qui vont se dérouler pendant trois jours dans notre ville était la séance de rentrée des Facultés, pour laquelle la municipalité avait, cette fois, prêté la grande salle des fêtes de notre Hôtel de ville.

Dès une heure et demie, un nombre considérable d'invités se pressait autour des portes de
l'édifice municipal, et une véritable foule de
curieux se postait sur la place pour assister au
défilé du cortège universitaire.

Pour donner une idée de l'assistance, il faudrait
parcourir la liste de toutes les notabilités de notre
ville. Par un usage emprunté aux traditions des
séances de rentrée de cour et tribunaux, deux
professeurs en grand costume, MM. Souriau, de la
Faculté des Lettres, et Ambroise Colin, de la
Faculté de Droit, se tenaient à la porte pour
conduire à leur place les autorités auxquelles un
fauteuil spécial avait été réservé.

Voici les noms de ces invités de marque qui ont
répondu à l'appel de M. le Recteur, et ont tenu à
assister à cette mémorable séance :

MM. le premier président Douarche ; Houyvet,
premier président honoraire ; Vatin, préfet du
Calvados ; Turgis et Tillaye, sénateurs ; Lebret,
député ; le général Arvers ; Toutain, maire de Caen ;
Lacombe, procureur général ; Moisy, président du
tribunal ; Chapsal, procureur de la République ;
Bouffard, secrétaire général ; Bourgeon, président
du Consistoire ; colonels Madeline et Duparge ;
Poisson, vice-président du conseil de préfecture ;
Knell, Perrotte et Guérin, adjoints au maire.

S'étaient excusés de ne pouvoir assister à la
séance : Mgr l'évêque de Bayeux, M. le comte de

Saint-Quentin, député ; MM. le président du tribunal de commerce, le vice-président de la
chambre de commerce, Chabert, trésorier payeur
général.

On remarquait en outre dans l'assistance un
grand nombre de membres de la magistrature,
MM. les conseillers de préfecture et le chef de
cabinet du préfet, beaucoup de conseillers géné-
raux et municipaux, sans oublier plusieurs rangs
pressés de dames en élégantes toilettes.

LE DÉFILÉ UNIVERSITAIRE

A deux heures, le cortège universitaire fait son
entrée dans la salle des fêtes.

M. Zevort, désireux de faire revivre la tradition
des grandes solennités de l'antique Université
caennaise, avait eu la bonne pensée de réunir tous
les professeurs au Palais de la rue Pasteur. De là,
le cortège s'est rendu processionnellement à
l'hôtel de ville, traversant à pied les rues
populeuses, au milieu de la curiosité générale
éveillée par le défilé multicolore des robes rouges,
jaunes, noires, cerise, amarante, des massiers
ornés de la chaîne d'argent, des étudiants coiffés
de leur béret pittoresque.

C'est le drapeau de l'*Association* qui ouvrait la
marche, escorté du comité et de nombreux

étudiants. Puis venait M. le Recteur Zevort, entouré du Conseil général de l'Université et des inspecteurs d'Académie du ressort. Ensuite marchaient les Facultés, l'École de Médecine, le Conseil Académique, l'administration et le corps des professeurs du lycée Malherbe, MM. les inspecteurs primaires et instituteurs publics. C'est à peu près dans cet ordre que tout le monde s'est groupé sur l'estrade, aux sons de la *Marseillaise*, fort bien exécutée par l'excellente musique du 36ᵉ et écoutée, debout, par toute l'assistance

Une mention toute spéciale, un remerciment cordial sont bien dus à l'excellente phalange de nos musiciens militaires, qui, sous l'habile direction de leur chef, M. André, ont exécuté au cours de la séance les morceaux les plus brillants de leur répertoire. L'un des plus remarqués a été le *Chœur des Soldats* de *Faust*, chanté à deux parties, sans accompagnement, par tous les musiciens, d'une façon tout à fait supérieure. Inutile de dire que l'assistance n'a pas ménagé aux exécutants ses applaudissements sympathiques.

LES DISCOURS

La série des harangues commence par le discours d'usage, confié cette année à M. Louïse, professeur de chimie à la Faculté des Sciences.

M. Louïse a traité « du rôle biologique de
l'azote atmosphérique », sujet tout à fait inté-
ressant pour nos régions essentiellement agricoles.
Son savant travail a donc été écouté avec une
religieuse attention et salué par de nombreux
applaudissements.

Après lui, M. Mabilleau, professeur à la Faculté
des Lettres, membre du Conseil de l'Université et
chargé, à ce titre, du rapport annuel au Ministre
sur l'état et les travaux des Facultés, a donné
lecture de son rapport, dont nous extrayons une
page remarquable, consacrée à tracer la physionomie de ce que peut et doit être une Université
normande.

Discours de M. MABILLEAU.

« ..... A vrai dire, nous n'avons jamais été
bien inquiets sur l'avenir que nous réservait la loi
depuis si longtemps pendante. Ou les droits et
privilèges attachés au nom d'Université devaient
être refusés à tous les groupes de Facultés
existants, ou ils devaient être accordés au nôtre.
Non seulement l'importance de notre ressort académique nous assurait qu'il ne serait point sacrifié,
mais encore cette circonscription correspond à
une région trop particulière, trop originale, pour
qu'on pût songer à l'englober dans une autre.

Depuis le x° siècle, la Normandie n'a cessé de
manifester, dans tous les ordres d'activité, un
génie qui n'est qu'à elle. Dans l'art, ce génie s'est
traduit par un caractère unique de grandeur, de
puissance et d'ordre : de la petite basilique byzan-
tine que lui léguait l'architecture gallo-romaine,
il a fait ces cathédrales hardies et fières, un peu
farouches dans leur nudité, qu'on admire à Caen,
à Bayeux, à Coutances. Le gothique lui est arrivé
tout formé, et là, il a dû borner son effort à la
décoration ; mais il a su encore laisser son empreinte
impossible à méconnaître. Le côté réaliste, brutal,
caricatural même, du tempérament héréditaire
éclate dans ces fantaisies plastiques, ces déver-
gondages d'imagination qui s'étalent aux frontons
des églises et même des édifices particuliers des
xiv° et xv° siècles. En littérature, l'originalité
locale n'est pas moindre : s'il n'est pas bien sûr
que la chanson de Roland soit de Théroulde, au
moins peut-on dire que la plupart des chansons
de Gestes portent la marque normande, expriment
l'ivresse de la lutte, la joie de l'énergie lâchée et
du danger affronté, qui est innée dans votre sang.

« Les « Vaux de Vire » montrent un autre côté
du caractère natif, la gaîté violente des joyeuses
ripailles où se divertit l'exubérance foncière de
la race.

« Jusque dans la pompe ordonnée du xvii° siècle,
le génie normand garde son tour particulier. Ce

n'est pas d'aujourd'hui qu'on a remarqué que
Corneille, dans ses plus sublimes discours, se
révèle né au pays de chicane, et que la plupart de ses tragédies se ramènent, selon le mot
d'un illustre critique, à des débats de cour d'as-
sises, comme il sied dans la patrie des grands
avocats.

« De nos jours même, qui osera dire qu'il n'y
ait rien de commun entre Flaubert, Barbey d'Au-
revilly et Guy de Maupassant, ne serait-ce que le
sens du réel uni à ce goût de l'outrance dans toutes
les manifestations de la vie, qui n'a point d'ana-
logue en France ?

« Certes, la Normandie est bien une région à
part, et il est juste de la doter d'un organisme
propre, où elle puisse prendre conscience de son
génie et des exigences qu'il implique.

« L'Université normande sera cet organisme,
et nous tenons à vous dire, Monsieur le Ministre,
qu'elle se rend compte des devoirs qui en résultent
pour elle.

« D'abord, elle s'efforcera de refaire l'union de
la province, qui n'est que trop tentée de se laisser
diviser au gré des circonstances. Rouen et le
Havre se tournent trop volontiers vers Paris ;
Avranches et Cherbourg vers la Bretagne : c'est là
un danger pour l'avenir de nos Écoles, qui ont
besoin de ressources et du concours de la Normandie tout entière.

« La Société des Amis de l'Université normande,
qui, fondée depuis 2 ans et soutenue avec un zèle
incomparable par M. le Recteur Zevort, groupe
déjà plus de 720 membres, a été instituée tout
exprès pour refaire cette unité, et pour la manifester dans ses œuvres.

« Nous comptons, Monsieur le Ministre, que
vous voudrez bien l'aider dans cette tâche, dont
elle ne se dissimule ni la difficulté ni la grandeur. »

Enfin vient le tour de M. le Recteur Zevort,
Président de la *Société des Amis de l'Université*.

Discours de M. ZEVORT.

« MESSIEURS,

« L'année 1896 sera une date importante dans
notre histoire intellectuelle. La loi que le Sénat
a votée le 7 juillet est la charte de l'enseignement
supérieur public, comme la loi de 1875 est la
charte de l'Enseignement supérieur libre. Celle-ci
n'a guère donné que des mécomptes à ceux qui
l'avaient le plus désirée; celle-là, si nos vœux se
réalisent, sera féconde en résultats. Elle ne nous
précipite pas dans l'inconnu: c'est son premier
mérite. Elle se contente de donner la sanction
législative à ce qui était depuis longtemps entré

dans les mœurs. Elle est la suite naturelle, la conséquence logique de toutes les mesures prises, de tous les règlements édictés, de toutes les lois votées en faveur de l'Enseignement supérieur à partir de 1885. Depuis M. Goblet jusqu'à M. Rambaud, tous les ministres de l'Instruction publique se sont transmis comme un héritage le soin de mettre la dernière main à l'œuvre entreprise il y a onze ans. Les prémisses étaient depuis longtemps posées; la bonne fortune de conclure est échue à l'un de nos plus savants historiens, au prédécesseur de M. Tessier à Caen, à l'un des membres éminents de la première des Universités françaises, celle de Paris. Guidés par une idée maitresse, puissamment aidés par un ouvrier de la première heure, M. Liard, les hôtes si nombreux de la rue de Grenelle n'ont pas marché à tâtons dans des sentiers tortueux; ils ont suivi, en pleine lumière, une grande route toute droite. Nous avons marché à leur suite et nous touchons le but: grâces leur en soient rendues.

« Je ne reviendrai pas sur les détails de la loi constitutive des Universités ; vous en connaissez l'économie. Mais je voudrais étudier la situation qui a été créée à notre Université normande, et rechercher ce qu'elle doit faire elle-même, ce que doivent faire ses chefs, ses maîtres, ses étudiants pour répondre aux intentions du législateur et aux vues des auteurs de la loi; je

voudrais ensuite indiquer quels appuis, quels
concours lui sont nécessaires pour l'accomplisse-
ment de la mission qui lui a été dévolue ; je voudrais
enfin essayer de marquer, en quelques traits, son
rôle particulier dans l'ensemble des Universités
françaises.

« De par la loi, nous sommes donc Université.
Nous avons le droit d'inscrire sur la grande porte
de notre Palais et sur nos affiches ce titre que le
projet de 1892 ne nous accordait pas et dont la
privation, M. Toutain en sait quelque chose,
produisait, à cette époque, une réelle émotion à
Caen et dans toute la région normande. Nous
sommes une Université, c'est-à-dire que nous
possédons une certaine autonomie, que nous
exerçons une action très réelle sur les études,
que nous pouvons tracer nos programmes d'enseignement, les modifier, les étendre ou les
restreindre, suivant les besoins de nos étudiants
ou suivant les goûts, les préférences, les aptitudes
spéciales de chacun de nos maitres. Nous sommes
une personnalité civile, c'est-à-dire que nous
pouvons acquérir des dons et legs, que nous
pouvons avoir des revenus propres et un budget
spécial qui ne se confondra pas avec le budget de
l'État, que nous pouvons, si nous sommes éco-
nomes et bons administrateurs, nous constituer
un petit trésor qui sera bien à nous et qui, pour
employer l'expression populaire, ne devra rien à

personne. A partir du 1ᵉ janvier 1898, le produit
des inscriptions, des frais d'études, des droits
de bibliothèque et de travaux pratiques entrera
directement dans notre caisse.

« Voilà ce que la loi de 1896 nous accorde.
Mais elle l'accorde aussi à tous les autres groupes
de Facultés, qui obtiennent exactement les mêmes
avantages pédagogiques ou financiers; et, pour
quelques-uns d'entre eux, ces avantages, les
derniers surtout, seront bien plus importants que
pour nous. Il est clair que telle Université, possé-
dant à la fois une Faculté de Droit et une Faculté
de Médecine, sera plus riche qu'une Université
comme la nôtre qui ne percevra de sérieux
produits universitaires qu'avec sa Faculté de
Droit. Nous n'aurons en dehors des subventions
de l'État, qui ne nous manqueront pas, et à moins
que le chiffre de nos étudiants en droit n'augmente
dans des proportions invraisemblables, nous n'aurons de ce chef que d'assez modestes ressources.

« Nous ne saurions, en effet, prétendre à la
possession d'une Faculté de Médecine dans une
Académie qui compte déjà deux Écoles prépara-
toires de Médecine et de Pharmacie, dans une ville
qui ne pourrait supporter seule, comme elle
devrait le faire au début, et comme l'ont fait
Bordeaux, Toulouse, Lyon, Nancy et Lille, la
trop lourde charge du budget d'une Faculté.
Nous sommes donc condamnés à nous contenter

de ce que nous avons, et il faut nous efforcer d'en
tirer le meilleur parti. Il faut que notre Faculté
de Droit, nos Facultés des Lettres et des Sciences
attirent à elles le plus grand nombre possible
d'étudiants ; à cette condition seulement nous
aurons, je ne dirai pas de larges ressources,
mais des revenus honorables et suffisants.

« Pourquoi la Faculté de Droit qu'ont illustrée
les Demolombe, les Bertauld, les Carel, qui
compte encore des professeurs éminents et des
jurisconsultes sans rivaux, ne voit-elle pas ses
amphithéâtres encombrés ? Pourquoi son effectif
reste-t-il à peu près stationnaire, réduit qu'il est,
ou peu s'en faut, aux candidats à la magistrature,
au barreau ou au notariat ? Est-ce la faute des
maîtres ? Non, certes, mais celle des candidats
et de leurs familles.

« Que les étudiants, leurs grades conquis,
aillent chercher à Paris une culture plus approfondie, passe encore ; mais est-ce bien ce haut
souci d'une éducation juridique à perfectionner
ou à affiner, sont-ce bien les attraits du Digeste
qui les emportent loin de nous ? Et les parents,
les pères, les mères ou les tuteurs, qui calculent
si bien en toute autre circonstance, dans ce pays
qui sait compter, ne font-ils pas un déplorable
calcul en laissant s'éloigner d'eux et de nous des
collégiens enivrés de leur récente émancipation ?
N'ont-ils jamais pris la peine d'établir le

budget d'un étudiant de Paris et le budget de
l'étudiant de Caen? Ils cèdent à la mode, à
l'entraînement, aux mauvaises habitudes, si tenaces.
Qu'ils résistent plutôt, par affection bien entendue;
qu'ils laissent leurs enfants dans un milieu où ils
seront suivis de près, appréciés, encouragés,
au lieu de les envoyer dans ce monde immense,
où quelques-uns seulement, exceptionnellement
doués, s'imposeront à l'attention des maîtres par
l'éclat du talent ou par la puissance du travail.
Cessez de vous plaindre que la campagne se vide,
que les villes se dépeuplent, si vous contribuez
tout les premiers à cette dépopulation, si vous
allez chercher bien loin et à un prix élevé ce que
vous avez sous la main et à meilleur marché.

« Nous tenons à conserver nos enfants, et nous
avons bien raison, dans le lycée ou dans le collège
de leur ville natale : pourquoi raisonner et agir
autrement dès qu'il s'agit d'enseignement supérieur? Pourquoi les abandonner à eux-mêmes,
sans guides dans la vie, sans pilotes sur la mer
tumultueuse? Guides et pilotes sont là tout près,
dans l'Université voisine; ils ne demandent qu'à
diriger, qu'à conduire au port ce que vous avez
de plus cher; familles imprévoyantes, passerez-
vous toujours indifférentes à côté d'eux, attirées,
vous aussi, par les chants des sirènes lointaines?

« Notre Faculté des Sciences, en dehors des
aspirants professeurs, peut-elle, de son côté, réunir

autour de ses chaires une nombreuse clientèle ? Oui certes, si les parents des futurs médecins comprennent également le véritable intérêt de leurs enfants. Les laboratoires de la Faculté des Sciences ou de la Faculté de Médecine de Paris sont aussi encombrés que les amphithéâtres des Facultés de Droit, et ce n'est un secret pour personne qu'à la Faculté de Médecine, nombre d'étudiants dissèquent peu ou point, parce que les salles de dissection sont inabordables.

« Pourquoi aller grossir les rangs de cette foule pressée, pourquoi laisser relativement vides ici des laboratoires tout neufs, convenablement outillés et aménagés, et que dirigent des hommes d'une science éprouvée ? On peut affirmer que la préparation au certificat d'études physiques, chimiques et naturelles se fait aussi fructueusement à notre Faculté des Sciences qu'à aucune autre, et que les premières études médicales se font plus fructueusement dans notre École de Médecine, grâce au développement des travaux pratiques, accessibles à tous, que dans telle Faculté pléthorique.

« Candidats aux grades qui ouvrent la carrière de l'enseignement, candidats au certificat d'études physiques, chimiques et naturelles poursuivent un but professionnel ; les uns veulent être professeurs, les autres médecins. Notre haut enseignement scientifique s'adresse-t-il exclusivement à eux ?

Le prétendre, ce serait le confiner dans une tâche trop restreinte, dans un cadre trop étroit: la destination d'une Faculté des Sciences est plus ample. Tous ceux qui ont quelque connaissance de l'Allemagne, ceux-là même qui n'y ont fait qu'une courte excursion, en reviennent émerveillés et inquiets; ils nous affirment que le développement de sa puissance industrielle est aussi colossal et aussi menaçant que le progrès de sa puissance militaire. A-t-elle donc plus de grands inventeurs, plus d'illustres savants que nous? Non pas; mais elle compte plus d'hommes sachant tirer parti des inventions et des découvertes de la science. Nous posons le germe dans la terre, nous jetons à tous les vents la semence précieuse, et nos rivaux exploitent l'arbre et récoltent la moisson. Appelons donc et retenons, s'il se peut, autour de nos Facultés des Sciences, tous ceux qui sont moins curieux de la science elle-même que de ses applications. Considérable en est le nombre; considérable aussi serait le profit que l'industrie, le commerce, l'agriculture, qui se recrutent parfois à l'étranger, pourraient tirer de la fréquentation de nos cours. Ni l'État ni nos Facultés ne sont responsables de ce mal de « l'absentéisme » qui sévit sur quelques-unes d'entre elles, et auquel la constitution des Universités ne remédiera qu'imparfaitement, si les principaux intéressés restent sourds à l'appel que nous leur adressons.

« On a vite fait de dire que nos Facultés des
Sciences ne font que de la théorie ; elles sont bien
obligées de se maintenir sur ce terrain, quand
elles n'ont pour auditeurs que de futurs professeurs. Avec un auditoire plus étendu et ayant
d'autres besoins, l'enseignement changerait forcé-
ment de nature et de caractère, ies programmes
étant assez souples pour se prêter à toutes les
transformations, et nos maitres assez soucieux de
l'intérêt public pour y accommoder leurs leçons.

« Moins encore que la Faculté des Sciences, la
Faculté des Lettres est une Faculté lucrative, au
point de vue des ressources universitaires : elle
n'a point de travaux pratiques, et la plupart des
maitres qui suivent ses cours sont exonérés des
droits d'inscription. Il lui reste des frais d'études
et des droits de bibliothèque, c'est-à-dire un très
modique revenu, et c'est toujours elle qui contri-
buera, pour la moindre part, à l'augmentation du
trésor commun. Doit-elle cependant désespérer
d'être autre chose qu'une préparation aux grades,
et d'attirer à elle d'autres auditeurs que des répé-
titeurs ou des professeurs de lycée et de collège ?
La variété même de son enseignement ne devrait-
elle pas lui assurer un imposant auditoire ? Cet
enseignement comprend d'abord la littérature
française, qui a eu longtemps une place subordonnée
et qui maintenant occupe, sans contestation, la
première ; qui s'est immobilisée longtemps dans

l'étude des monuments du xviiᵉ siècle, et qui
maintenant étend ses investigations de nos plus
lointaines origines littéraires aux productions
contemporaines les plus récentes. Les deux grandes
littératures anciennes, qui sont le fonds commun
de tout esprit cultivé, viennent ensuite. On n'est
pas un honnête homme, dans le sens du xviiᵉ siècle,
sans une connaissance au moins approximative du
grec et du latin. L'anglais et l'allemand rentrent
également dans nos cadres d'enseignement, et qui
peut se flatter aujourd'hui, négociant ou législateur, soldat ou savant, d'ignorer impunément
l'anglais ou l'allemand? On a dit que celui qui
savait plusieurs langues avait plusieurs âmes.
J'oserai dire que celui qui n'en sait qu'une n'a que
la moitié d'une âme, ou tout au moins qu'il n'est
que la moitié d'un homme instruit. Et l'enseignement de la géographie, n'est-il pas indispensable
au commerçant, à l'homme d'affaires, à l'armateur?
Et celui de l'histoire, n'est-il pas le bréviaire de
l'homme politique ? Et celui de la philosophie,
n'est-il pas l'enseignement suprême, celui qui
façonne l'être raisonnable, l'être moral, noblement
préoccupé des autres et de lui-même, épris de
justice et inquiet de l'au-delà ? Toutes ces sciences,
Messieurs, que l'on appelle du beau nom de
sciences morales, et leurs multiples subdivisions,
elles sont enseignées au Palais de l'Université;
elles sont classées sous cette modeste étiquette :

Faculté des Lettres, et celui-là méconnaîtrait leur vertu éducatrice, leur influence esthétique et leur portée sociale, qui prétendrait qu'elles ne s'adressent qu'à de futurs licenciés.

« D'ailleurs, même avec un nombre restreint d'auditeurs bénévoles et de candidats aux grades, les Facultés et l'Université qui les résume auraient encore leur utilité ; comme il est des centres pour le commerce et pour l'industrie, il faut des centres pour les sciences, pour les lettres et pour les arts : pendant que les uns fabriquent ou vendent, il est bon que d'autres pensent ; car « toute notre dignité — j'emprunte le mot à Pascal — consiste en la pensée ». Et si vous prétendez que ces penseurs sont des oisifs, c'est que vous ignorez que toute pensée est un acte.

« On a beau dire que l'on ne remonte pas les courants et que les foules ne reprennent jamais les chemins qu'elles ont désappris, je ne veux pas désespérer de voir la renaissante Université de Caen retrouver les jours prospères et la vie intense de sa devancière, la vieille Université normande. Appelé à l'honneur de présider à cette renaissance, je ne négligerai rien de ce qui pourra rendre la vie et, s'il se peut, donner de l'éclat à une glorieuse institution. Je serai soutenu par les maîtres qui m'entourent, par les étudiants dont je salue toujours avec émotion le drapeau, que l'on a si bien appelé la robe même de la patrie. Étroitement

unis, comme nous le sommes, par la loi nouvelle,
nous pouvons beaucoup pour l'avenir de l'Université
de Caen. Tous, ici, nous avons la conscience de
notre responsabilité ; nous avons le sentiment que
le succès, s'il ne dépend pas de nous seuls,
dépend surtout de nous. Renonçons, comme dit un
critique contemporain, à ces deux mots d'une
stérilité formidable: Je doute. L'expérience ac-
tuelle, comme toutes les expériences, a besoin de
la foi profonde, effective, agissante de tous ceux
qui vont la tenter. Un scepticisme railleur, outre
qu'il serait une méconnaissance de nos obligations
professionnelles, ressemblerait à un aveu d'impuis-
sance et à une abdication. En nous conférant de
nouveaux droits et une plus grande liberté, les
pouvoirs publics nous ont imposé de nouveaux
devoirs: nous les remplirons vaillamment.

« Quels sont ces devoirs ? Le premier de tous,
c'est de discerner ce que l'on attend de nous, et de
faire effort pour réaliser les espérances du gou-
vernement de la République, celles des ministres
qui pendant 20 ans ont poursuivi le même but
avec une remarquable continuité, celles enfin de
tous les hommes éclairés, qui attribuent à la loi de
juillet 1896 une haute portée civilisatrice et
sociale.

« Nos Facultés et notre École de Médecine,
devenues une Université, restent évidemment des
établissements professionnels, en ce sens qu'il

faudra toujours passer par la Faculté de Droit pour être juge ou avocat, par l'École de Médecine pour être médecin, par la Faculté des Lettres ou des Sciences pour être professeur. Mais la préparation aux grades reste si peu l'unique mission des membres de l'Enseignement supérieur, que l'on conçoit parfaitement un enseignement supérieur auquel cette tâche ne serait pas assignée et qui n'en serait nullement amoindri. Vous pourriez continuer, Messieurs, à enseigner le droit, les mathématiques ou la philosophie, et d'autres que vous seraient chargés de faire des docteurs, des licenciés ou des bacheliers, sans que votre enseignement perdit rien de son influence et de sa vertu. Un projet de loi est soumis aux Chambres, qui déchargera partiellement les Facultés des Lettres et des Sciences du fardeau du baccalauréat : ceux-là seuls s'en plaindront qui voient dans le choix des bacheliers leur principale raison d'être. Les autres, et ils sont légion, consacreront aux recherches, aux travaux personnels, aux publications savantes, peut-être aux découvertes et aux inventions, le temps ainsi gagné, au grand profit de l'Université, du pays et de la science.

« Je ne me résigne pas, je l'avoue, à voir les deux meilleurs mois de l'année scolaire, le premier et le dernier, sans parler du mois où tombe Pâques, perdus dans les Facultés des Sciences et des Lettres, pour nos maîtres d'abord, astreints à une besogne si étrangère à leurs études habituelles, et ensuite pour leurs auditeurs, privés trop tôt du plaisir délicat et fructueux d'entendre une bouche éloquente, d'assister à l'éclosion d'une pensée fine ou profonde, de suivre une démonstration serrée ou une expérience difficile. Et cet enseignement si élevé, ces nobles distractions, dont nous sommes sevrés trop vite, nous n'en jouissons de nouveau que cinq mois plus tard, parce que deux mois d'examens encadrent les trois mois de vacances. Je le répète, la mission de l'Enseignement supérieur, réduit aux recherches et à la communication de la science, de la science théorique ou de la science appliquée, m'apparaît, comme à bien d'autres, plus haute, plus conforme à la conception des Universités. Les seuls examens qui conviennent aux Facultés sont ceux qui portent exclusivement sur les matières enseignées dans les Facultés et par les Facultés, sur les programmes tracés et parcourus par leurs maîtres, ceux auxquels ne prennent part que les élèves formés par ces maîtres et non pas des inconnus venus de tous les points de l'horizon académique, et jugés sur quelques réponses bégayées avec le tremblement du premier début.

« Les étudiants, eux aussi, peuvent beaucoup pour le succès des Universités régionales. Constitués en associations qui réunissent les quatre groupes d'enseignement, ils offrent, en dehors du

Palais de l'Université, l'image de cette vie
commune qui sera désormais la nôtre. Que les
liens soient chaque jour plus étroits, entre eux
d'abord et ensuite entre eux et leurs maîtres.
Sans leur collaboration, sans leur esprit de corps,
nous ne ferons rien de fécond ni de durable.
Étudiants et professeurs, soyons solidaires les uns
des autres. Le Conseil de l'Université, substitué
au Conseil académique, qui se réunissait rarement,
devient, pour nos élèves d'enseignement supérieur,
comme un conseil de famille. Ils trouveront
dans les membres de cette réunion intime autant
de tuteurs bienveillants, attentifs à leurs progrès,
soucieux de leur bon renom, préoccupés au même
degré de leur développement intellectuel et de
leur avancement moral. Nous verrons en eux, non
pas les étudiants de telle ou telle Faculté ou École,
mais les enfants de l'Université de Caen. De leurs
professeurs d'histoire, de Code civil ou de physique,
ils recevront une direction particulière ; du Conseil de l'Université, ils recevront une direction
générale. une impulsion douce, mais continue, vers
le vrai, vers le beau et vers le bien, vers tout ce
qui fait les consciences droites, les générations
fortes et les peuples éclairés.

« L'action du Conseil de l'Université ne se
bornera pas aux études et aux étudiants. Nous
serons les intermédiaires naturels entre l'Enseignement supérieur et les villes, les départements

et le public, dont le concours nous est indispensable.
Je ne parle pas de la ville chef-lieu, qui a multiplié
les sacrifices en notre faveur, je suis toujours
heureux de l'en remercier publiquement, et qui a
placé à sa tête, comme pour nous donner le
baptême, l'un de ceux qui ont le plus souhaité
notre naissance. Une autre grande cité du ressort,
qui a possédé depuis 1808 deux Facultés, ne
nourrit contre nous aucun sentiment de jalousie,
et elle nous témoigne, je puis en donner l'assurance, par esprit de bonne confraternité normande,
une active et efficace sympathie. Les autres villes
du ressort académique, habituées depuis des
siècles à voir ici la capitale intellectuelle de la
Normandie, continueront de reconnaître cette
primauté, de nous envoyer des boursiers, et, si
mes efforts sont couronnés de succès, elles nous
demanderont de transporter *extra muros*, de faire
rayonner chez elles la science dont nous sommes
les dispensateurs, et que nous voudrions répandre
dans les plus humbles cités. Qui sait si le cerveau
d'où jaillira l'étincelle, au contact de l'un de nos
maîtres, ne se cache pas dans la plus petite bour-
gade de cette vaste Académie ?

« Division administrative plus récente et plus
arbitraire, le département est moins accessible à
notre propagande universitaire. Il y a une excep-
tion honorable, mais il n'y en a qu'une, celle de la
Seine-Inférieure, si je laisse de côté le Calvados,

qui a contribué à la construction de notre palais,
qui nous a cédé le laboratoire de Luc-sur-Mer, et
qui nous continue annuellement ses subventions
avec une fidélité dont je ne saurais trop le
remercier. Entre l'administration préfectorale et
l'administration académique, il s'est établi, pour
l'expansion universitaire, une sorte d'heureuse
complicité dont je reporte à qui de droit, depuis
1890, le mérite et l'honneur. Une autre complicité,
non moins bienfaisante, a été celle du public.
Dans ce pays, que l'on dit rebelle à tout ce qui
n'est pas d'une utilité pratique et immédiate,
700 personnes se sont rencontrées pour adhérer à
la Société des Amis de l'Université de Normandie.
Parmi ces adhérents, il en est qui occupent les
plus hautes situations politiques et sociales ; il en
est qui vivent obscurément dans les plus humbles
positions ; on y trouve des favoris de la fortune ;
on y trouve aussi de petits fonctionnaires qui ont
prélevé la cotisation annuelle sur des ressources
très limitées. Tous ont compris, et à demi-mot, le
but que nous poursuivions; tous ont contribué à la
naissance de l'Université de Caen, qui tirera sa
force des sympathies qui l'entourent: tous ont droit,
Messieurs, à notre plus grande gratitude. Ils en
trouveront ici l'écho.

« Il me reste, Messieurs, pour remplir le cadre
que je me suis tracé, à esquisser la physionomie
particulière de l'Université de Caen, au milieu

des autres Universités françaises. Ma tâche sera
simplifiée par la publication d'une intéressante
brochure que l'un de mes assesseurs, M. Léon
Déries, inspecteur d'Académie de la Manche, a
consacrée à l'Université de Normandie. Caen est
au centre d'une vaste région naturelle, qui s'étend
de la mer aux frontières du Perche, du Maine et
de la Bretagne. L'agriculture y est-elle aussi déve-
loppée qu'il conviendrait ; le sol y donne-t-il son
rendement maximum? Il faut demander la réponse
à l'orateur que vous applaudissiez tout à l'heure,
au professeur de chimie agricole dont la science
égale la compétence. Sans aller chercher à l'Institut
de Paris des cours d'agronomie, les agriculteurs
normands trouveraient à Caen des leçons dont ils
bénéficieraient tous les premiers et dont la richesse
nationale profiterait par surcroît.

« La situation de l'Académie, qui possède un
magnifique développement de côtes, de l'embouchure de la Bresle à l'embouchure du Couesnon,
avec un grand port de guerre, un grand port de
commerce et vingt ports secondaires, ne com-
mande-t-elle pas également le succès d'un cours
de droit maritime ? Et dans un pays où la coutume,
avant de disparaître dans la majestueuse unifor-
mité du Code civil, avait marqué d'une empreinte
si particulière les différentes régions normandes,
ne vous semble-t-il pas que le droit coutumier de
ce pays mérite d'obtenir dans l'enseignement une

place plus large que celle que peut lui accorder
l'historien du droit ? Le programme de ce cours
nécessaire a été brillamment tracé par M. Ambroise
Colin, avec le concours de la Société des Amis de
l'Université.

« C'est encore cette Société qui a pris l'initiative et qui a contribué à la fondation d'une chaire
d'Histoire de la littérature et de l'art normands.
Inaugurée par un Normand d'origine, la chaire
nouvelle vient d'être confiée à un Normand
d'adoption. L'enseignement qui y sera donné, avec
un succès que nous garantit le passé de M. Souriau,
achèvera d'imprimer à notre Université renaissante sa physionomie propre, celle que l'orateur
qui m'a précédé a si bien retracée dans le discours
que vous venez d'entendre, dans des articles de
Revue et dans les conférences où il a évangélisé
les Gentils, au nom de la Société des Amis de
l'Université, qui lui doit une notable partie de ses
progrès.

« Notre Université sera régionale, en ce sens
qu'elle s'efforcera de répondre aux légitimes besoins de l'agriculture, du commerce ou de l'industrie
locale, d'étudier l'histoire de la Normandie, sa
vieille langue, son vieux droit et ses admirables
monuments. Sans essayer de faire revivre un passé
irrévocablement détruit, elle s'efforcera de retrouver dans les annales de sa devancière les
raisons de la popularité, les causes de la longue

influence de la vieille Université caennaise ; elle a
déjà continué ses traditions de travail, de haute
dignité professionnelle, d'étroite solidarité entre
tous les membres d'une corporation qui assume,
ici et ailleurs, la charge d'un grand service national.

« Cette cérémonie, en effet, Messieurs, n'est
pas isolée. A l'heure où je parle, le Chef de
l'État préside à l'inauguration de l'Université de
Paris. Sa présence à la Sorbonne, celle des autorités qui me font l'honneur de m'écouter à cette
fête plus modeste, celle des représentants élus de
la cité et du département, celle de tous les membres du Conseil académique, est pour nous un
encouragement dont nous sentons tout le prix :
elle signifie que vous reconnaissez la part qui
revient à tous les membres de l'enseignement dans
cette œuvre de relèvement de la France, qui a été
la tâche particulière, poursuivie sans défaillance
depuis un quart de siècle, et comme la mission
que s'est assignée la République.

« Messieurs, tout en travaillant pour la petite
patrie normande, l'Université de Caen n'oubliera
pas la grande patrie française. Elle voit un heureux
augure dans le fait que sa renaissance a coïncidé
avec un des plus graves événements que notre
histoire ait enregistrés depuis l'Année terrible.
Vingt-cinq ans après le funeste traité de Francfort,
notre pays apparaît au monde, calme dans sa force,
fraternellement uni au plus puissant souverain et

au plus grand peuple de l'univers. Une ère nouvelle a commencé pour nous, le 5 Octobre, qui
réserve peut-être à la France plus et mieux qu'une
revanche morale. Lentement mais sûrement, jour
à jour, pierre à pierre, nous avons relevé l'édifice
de notre grandeur : puisse la jeune Université de
Caen contribuer et assister à son couronnement ! »

Voici en quels termes le journal à qui nous
empruntions tout à l'heure une première citation,
relate l'accueil fait au discours qu'on vient de
lire :

« Ce beau discours a été suivi d'une ovation
véritable adressée par toute l'assistance à M. Zevort.
Qui donc a dit que les Normands étaient froids ?
Ce sont de véritables tonnerres d'applaudissements
longtemps répétés et prolongés qui ont souligné
et salué les dernières paroles dites par l'orateur
avec une émotion mal contenue. M. Zevort a pu
mesurer là l'étendue et la profondeur des sympathies qu'il a su acquérir parmi nous et — nous
pouvons l'ajouter — de la popularité véritable qui
entoure ici son nom.

« Ce sont là des attaches solides, des liens
étroits qui nous font espérer de garder encore
longtemps à la tête de notre Université le chef
qui a su lui imprimer une impulsion aussi active et
aussi féconde.

« C'est le vœu que tout le monde exprimait à
l'issue de cette mémorable séance, si riche en
émotions et si belle dans sa noble simplicité. »

ASSEMBLÉE GÉNÉRALE ANNUELLE DE LA SOCIÉTÉ DES
AMIS DE L'UNIVERSITÉ

A 5 heures avait lieu, dans la grande salle de la
Faculté de droit, l'assemblée générale annuelle de
la Société des Amis de l'Université.

La présence du Conseil académique avait amené
à cette réunion une véritable affluence, qui, est-il
besoin de le dire, a renouvelé au président de la
Société, M. Zevort, l'ovation qui l'avait salué à la
fin de la Séance de rentrée.

M. Zevort était assisté dans la présidence de la
réunion par MM. Toutain, maire de Caen et vice-
président de la Société ; Ambroise Colin, secrétaire
général ; Gillet, trésorier ; Boudin, principal du
collège de Honfleur, et Knell, conseiller général,
membres du Comité de direction.

M. Gillet a rendu ses comptes pour l'exercice
financier 1895-1896. Il ressort des explications
fournies par le dévoué trésorier que la Société se
trouve actuellement dans une situation des plus
prospères et ne compte pas moins de 720 membres, et cela au bout de deux années seulement
d'existence.

Cette prospérité ne peut manquer de s'accroître encore, et nous ne tarderons probablement pas à célébrer l'inscription du *millième* membre de notre Société.

Diverses propositions ont ensuite été discutées, dont nous rendrons compte dans notre prochain bulletin. L'une d'entre elles mérite particulièrement d'être signalée. Elle consiste à organiser des conférences nombreuses et méthodiques dans les diverses villes du ressort universitaire, de manière à faire rayonner autant que possible l'enseignement des Facultés dans toute la région normande. Cette proposition a été adoptée en principe à l'unanimité. Le comité directeur devra consacrer ses prochaines séances à en organiser la réalisation.

Il est ensuite procédé, conformément aux statuts, au renouvellement du tiers du comité directeur.

Les membres sortants désignés par le sort étaient MM. Benoît, Denis, Fayel, Hettier et Pochon.

Ont été élus pour les remplacer : MM. le Dr Auvray, directeur de l'École de Médecine et de Pharmacie ; Mabilleau, professeur à la Faculté des Lettres ; Mofras, président du Cercle caennais de la ligue de l'enseignement ; de Saint Germain, doyen de la Faculté des Sciences ; Séguin, directeur de l'usine à gaz du Mans.

LE BANQUET

M. Tillaye l'a dit spirituellement: « En Normandie, il n'est pas de belle fête sans un bon
diner. » Tout le monde a donc apprécié l'intelli-
gente initiative qui réunissait, le soir, dans un
banquet fraternel, les membres des divers ordres
de l'enseignement, les membres du Conseil académique, les représentants élus de la Ville et du
Département et les Amis de l'Université de
Normandie.

En tout, 100 à 120 convives ont pris part à cet
excellent repas, fort bien servi par M. Gautier-
Canivet, dans la grande salle du rez-de-chaussée
du restaurant de Madrid.

A la table d'honneur et aux côtés de M. Zevort,
se sont assis MM. Turgis et Tillaye, sénateurs;
Lebret, député; Toutain, maire de Caen; le général
Arvers; Bouffard, secrétaire général de la préfecture, représentant M. le préfet, empêché; les
deux plus anciens inspecteurs d'Académie du
ressort.

M. de Saint-Quentin, retenu à la commission
du budget, où il exerce les fonctions de rapporteur
d'un important budget, celui de l'agriculture,
s'était excusé par un télégramme chaleureux et
cordial.

Au champagne, des toasts nombreux — innom-
brables — ont été prononcés.

Nous sommes heureux de pouvoir reproduire
ici *in extenso* quelques-unes de ces allocutions.

Voici d'abord le toast de M. Zevort, président
du banquet.

Toast de M. ZEVORT.

« MESSIEURS,

« Il y a quelques mois, dans cette salle, au
banquet de la Solidarité sociale, le spirituel secrétaire du Conseil de l'Université, M. Gillet, appelé
à parler le dernier, s'exprimait ainsi: « Je vous
apporte une improvisation dont tous ceux qui m'ont
précédé connaissent le secret. » Le secret, c'est la
préparation. Mes fonctions de président du Conseil
académique, d'orateur à la séance de rentrée, de
président de l'assemblée générale de la Société
des Amis de l'Université et de régisseur du théâtre
de Caen pour la représentation de demain, ne
m'ont pas laissé une minute pour préparer ce
toast. J'ai compté, pour m'inspirer, sur l'excellence
du menu et sur la contagieuse sympathie de ceux
qui m'écoutent.

« A mes côtés, en face de moi, je n'aperçois que
des figures amies, que des auditeurs bienveillants.

« C'est d'abord M. le Sénateur Turgis. Ancien
élève de l'École normale de Caen, ancien insti-
tuteur, M. Turgis s'est élevé, à force de travail, à
une grande situation médicale. Enfant du peuple, il
a conquis dans la politique une place éminente par
la constante fermeté de ses opinions, par l'in-
flexible droiture de son caractère.

« Nouveau venu dans la politique, mon voisin
de gauche, M. le Sénateur Tillaye, a eu le grand
honneur de faire partie de la commission sénato-
riale chargée d'étudier le projet de loi sur les
Universités. Il n'a pas eu à défendre en séance
publique le projet si mollement attaqué, et je le
regrette presque. Si l'on avait attaqué sérieusement
les universitaires d'ici, les travailleurs du cru,
M. Tillaye eût été leur avocat, comme il a été
celui des bouilleurs de cru.

« Aux côtés de MM. Tillaye et Turgis, je vois
les deux maires de Caen, l'ancien et le nouveau,
M. Lebret, qui assistait, il y a deux ans, à notre
installation dans le Palais de l'Université, c'est-à-
dire à la fête matérielle, et M. Toutain, qui assiste
aujourd'hui à la naissance de l'Université, c'est-
à-dire à la fête intellectuelle. Tous deux sont les
intendants, les ministres de Celle que le savant
jurisconsulte qui a écrit la *Revue de Caen* a
représentée sous les traits d'une grande dame.
Oui, Messieurs, la ville de Caen est une très grande
dame, très vieille, très noble aussi, mais dont la

bourse est moins grande que le cœur, et que sa générosité en faveur de l'Université a encore appauvrie.

« Le premier magistrat du département, empêché d'assister à ce banquet, a délégué auprès de nous son très sympathique lieutenant. Veuillez, M. le Secrétaire général, répéter à M. Vatin que la reconnaissance m'interdit de dire tout le bien que je pense de M. le Préfet, depuis que quelqu'un qui me touche de très près est devenu son très modeste et très fidèle collaborateur.

« Et vous aussi, vous êtes des nôtres, mon cher Général ; vous êtes des nôtres, comme historien de la *Guerre des Alpes* au XVIIIe siècle ; vous êtes des nôtres, parce que vous·confiez vos enfants à nos maîtres ; vous êtes des nôtres, parce que vous avez conquis ici vos deux étoiles ; vous êtes des nôtres enfin, parce que vous recevrez ici la troisième.

« Elle est avec nous, la presse locale, celle de droite et celle de gauche : tout les sépare, tout les divise ; mais une commune sympathie pour la jeune Université caennaise les réunit.

« Et vous tous, Messieurs, mes chers amis, vous êtes nos collaborateurs actifs dans l'œuvre que nous avons entreprise pour la science et pour le pays.

« Je confonds dans un même toast la représentation élue du département, la ville de Caen, l'armée, cette armée que vous avez vue, mon

Général, il y a 26 ans, dans les champs Catalau-
niques, sans discipline, sans ordre, sans espoir, et
que nous avons revue dans les mêmes plaines, le
9 octobre dernier, admirablement disciplinée,
pleine de confiance et toute prête au sacrifice que
la patrie peut lui demander. A l'armée j'unis la
presse et les deux Universités, la grande et la
petite, celle de France et celle de Caen, qui ne
sont si populaires l'une et l'autre que parce qu'on
les regarde avec raison comme l'instrument le
plus efficace du libéralisme et du progrès répu-
blicain. »

Toast de M. TURGIS, sénateur du Calvados

« MONSIEUR LE RECTEUR,

« Je suis tout ému des paroles si cordiales que
vous venez de m'adresser; j'étais loin de m'y
attendre ; aussi ma surprise me rend difficile le
devoir que j'ai de vous répondre. Il me faudrait un
talent de parole que n'ont pu me donner les
longues années de ma vie médicale, qui n'a été
qu'un monologue incessant du médecin en présence
de la maladie. Monsieur le Recteur vient de vous
dire. Messieurs, avec une éloquence qui est dans
ses habitudes, que j'ai appartenu à l'Université:
oui, je ne l'ai pas oublié; j'ai appartenu à l'Université, dans laquelle je fus parmi les petits ; par le

cœur, j'y suis resté attaché avec un dévoûment
absolu à ses intérêts.

« Aussi ai-je partagé les inquiétudes que
Monsieur le Recteur, dans un superbe discours,
rappelait à M. Toutain, il n'y a qu'un instant, à
propos de la création d'Universités nouvelles.

« Le projet de loi proposé au Parlement était
une menace pour la ville de Caen, dont les Facultés
eussent été décapitées.

« L'attitude du Sénat fit retirer ce projet, et,
par une loi nouvelle, l'Université de Caen a été
créée.

« Monsieur le Recteur, vous avez répondu par
un refus à la grande situation qui vous était offerte
à Lille : je vous en ai félicité. Vous avez voulu
rester à la tête de notre belle Université normande, qui ne pourra que prospérer, grandir
toujours, sous l'impulsion de votre éminent esprit.

« Merci, Monsieur le Recteur.

« Je lève mon verre, Messieurs, et vous propose
de boire à la santé de M. Zevort, recteur de
l'Université de Caen. »

Toast de M. TILLAYE, sénateur du Calvados.

« MESSIEURS,

« Je remercie M. le Recteur d'avoir bien voulu
rappeler d'une façon si aimable que j'ai, pour ma

faible part, contribué à la création de notre Université normande.

« Je n'ai eu à ce sujet aucune lutte à soutenir, personne n'ayant discuté nos titres séculaires et les souvenirs glorieux de nos chaires et de nos écoles. Dans la commission dont j'ai eu l'honneur de faire partie, il m'a suffi d'écouter les maîtres dont l'éloquence persuasive a entraîné plus tard, lors de la discussion publique, le vote presque unanime du Sénat.

« C'est ce vote qui nous vaut ces fêtes brillantes, auxquelles vos représentants sont si heureux de s'associer.

« Vous avez compris qu'en Normandie, il n'est point de belles fêtes sans un bon diner. Je ne demande pas, certes, qu'on inscrive cette maxime sur le fronton du palais universitaire ; mais nous devons remercier publiquement ceux qui ont eu la bonne pensée de nous réunir autour de cette table dans un fraternel banquet.

« Notre jeune Université est un enfant bien venu et bien constitué. Nos docteurs l'ont examiné avec la plus grande attention : il ne lui manque rien pour vivre et pour grandir.

« C'est son baptême que nous célébrons aujourd'hui, en mêlant à nos crus normands les vins généreux de notre sol français.

« Je souhaite à l'enfant longue vie et prospérité. — Il grandira sous l'énergique impulsion

dè chefs tels que vous, Monsieur le Recteur, et
grâce à la généreuse émulation qui ne manquera
pas de s'établir entre les maitres et les élèves,
pour l'honneur de la cité et pour la gloire de
notre pays Normand. »

Toast de M. TOUTAIN, maire de Caen.

« MESSIEURS,

« On a remercié en termes flatteurs la ville de
Caen et ses administrateurs successifs de ce qu'ils
ont fait dans l'intérêt de l'Enseignement supérieur.

« J'accepte avec gratitude ces remercîments
pour la ville elle-mème ; car, vous le savez,
Messieurs, la ville n'est pas riche, M. Ambroise
Colin nous l'a dit déjà.

« Ses finances doivent être gérées avec une
économie et un ordre que parfois on peut trouver
parcimonieux, si on s'en tient aux apparences

« Mais, quand il s'agit de ce grand intérêt de
l'Enseignement, elle sait faire les sacrifices nécessaires, si lourds qu'ils soient.

« Quant aux administrateurs de la ville, je
considère qu'ils n'ont pas beaucoup de droits à ces
remercîments, et voici pourquoi :

« Il n'y a pas à les remercier, parce qu'ils ont
fait uniquement ce que d'autres auraient fait à
leur place.

« Car il existe en cette matière un sentiment
unanime de patriotisme local qui supprime toutes
les divergences politiques ou autres, et qui réunit
toutes les forces en un même faisceau; toutes les
volontés en un même effort pour sauvegarder un
glorieux patrimoine qu'il faut défendre à tout
prix.

« Nous nous réjouissons, en ce jour de fête,
d'avoir réussi, et il convient de dire hautement
que, si nous avons réussi, si nous avons enfin notre
Université normande, c'est grâce aux puissantes
influences qui, soit dans le Parlement, soit en
dehors du Parlement, nous ont aidés.

« Cette assistance, ce concours bienveillant nous
laisse le plus reconnaissant souvenir.

« Notre Université, Messieurs, est à la fois très
vieille et très jeune :

« Elle est très vieille, puisqu'elle a été fondée à
Caen il y a quatre siècles et demi ;

« Elle est très jeune, puisqu'elle vient de
recevoir, cette année même, la consécration légale
de son existence.

« Et, pour assurer ses premiers pas dans sa
voie nouvelle, pour favoriser son développement,
nous la félicitons grandement d'avoir comme guide
le chef réputé que je salue au nom de tous, l'admi-
nistrateur éminent, l'historien érudit, l'orateur
brillant et, mieux que cela, Messieurs, le patriote,
l'ardent patriote qui, vous l'avez entendu aujourd'hui

même, a, dans une admirable péroraison, fait vibrer toutes les âmes à l'unisson de la sienne.

« On a déjà porté la santé de M. le Recteur.

« Pour éviter les redites, je lève donc mon verre en l'honneur du Président des Amis de l'Université normande. »

Toast de M. LEBRET, député du Calvados.

« Je salue, Messieurs, la jeune Université normande; elle est de haute et noble lignée: elle descend de cette vieille et illustre Université de Caen fondée par les Anglais et confirmée dans ses privilèges par les rois de France; elle est, comme toutes ses sœurs, la fille de la grande et libérale Université de France.

« Vous êtes, Messieurs, ses parrains, puisque aussi bien nous célébrons son baptême. Nous ne verrons pas, comme au temps charmant des légendes, les bonnes fées accumuler sur son berceau les dons et les promesses. C'est vous, Messieurs, les Amis de l'Université, qui, avec ses maîtres et ses étudiants, travaillerez à la rendre grande et prospère.

« Ses progrès, ses succès ne viendront pas sans effort. A toutes ces jeunes Universités naissantes, l'avenir réserve des fortunes diverses. Sans doute, pour guider leurs premiers pas, pour entourer leur enfance d'une sollicitude éclairée, leur mère, la grande Université de France, veillera sans cesse; mais plus tard, dans quelques années, il en est qui, restées faibles malgré l'âge, ne pourront vivre sans cet appui, comme des filles trop débiles pour s'éloigner du foyer maternel. D'autres, au contraire, fortes et vaillantes, pleines de vigueur et de santé, s'émanciperont en quelque sorte, et, toujours attachées de cœur à l'Université de France, sauront vivre et grandir dans une glorieuse indépendance.

« C'est parmi ces dernières que j'aime à me figurer notre chère Université normande. Puisse-t-elle, grâce à vous tous, se faire connaître et se faire aimer chaque jour davantage dans ce beau pays! Puisse-t-elle y pousser de profondes racines, pour sa propre gloire et pour la gloire de la Normandie !

« Je bois à l'union intime de la Normandie et de son Université. »

Toast de M. le général ARVERS.

« MESSIEURS,

« Je remercie Monsieur le Recteur Zevort, mon ami, de m'avoir permis, en me conviant à cette fête, d'affirmer par ma présence les liens d'affection qui unissent l'Université à l'Armée.

« Vous préparez, en effet, la jeunesse que nous
recevons chaque année dans nos rangs, l'élite
appelée à recruter les cadres de la réserve et de
l'armée territoriale, ces dispensés de l'art. 23, dont,
le nombre n'aurait rien d'inquiétant, si, dans leurs
rangs, ne se glissaient pas des catégories nouvelles
qui justifieraient difficilement leur privilége si
elles avaient à se réclamer de l'Université. Il
semble dès lors naturel que les licenciés en droit
réclament à leur tour la faveur accordée aux
élèves des écoles qui surgissent sans autre but que
celui de conférer la dispense à leurs élèves, et
nous arrivons ainsi à dépasser, sans profit pour la
défense nationale, le dernier chiffre annuel des
engagés conditionnels. Tel n'était assurément pas
le but que poursuivaient nos législateurs en sup-
primant le volontariat. Celui-ci, il est vrai, moyen-
nant 1,500 francs et un examen, dont il vaut mieux
ne rien dire, avait fini par être accessible à de
nombreuses incapacités; mais on pouvait, en
cessant d'en faire un expédient budgétaire en tirer
un excellent parti. Il suffisait, pour cela, de s'inspirer du système en vigueur chez une petite
république amie, notre voisine. En Suisse, on fait
un capitaine en 365 jours ; mais ces 365 jours sont
répartis sur 12 années, pendant lesquelles le
citoyen suisse que son instruction générale et sa
position sociale obligent moralement et virtuelle-
ment à occuper un grade dans l'armée fédérale,

trouve le moyen de satisfaire également aux
devoirs de sa profession et à ses devoirs militaires,
dont il a la conception la plus élevée. Quand on
assiste pour la première fois aux grandes manœu-
vres dans ce pays, on est étonné de la quantité
de gens d'aspect militaire qui les suivent à pied
ou à cheval, et qui se distinguent par une simple
carte de couleur au chapeau. Ce sont les officiers
de tous grades des corps qui ne prennent pas part
à la réunion ; ils y assistent à leurs frais, écoutent
les critiques qui terminent chaque opération, les
commentant eux-mêmes dans leurs Revues militaires, et font preuve, quand ils se trouvent en
présence des armées permanentes, de connaissances militaires étendues et profondes.

« Ces résultats sont dus à leur tempérament
d'abord, puis à la continuité et à la variété de leurs
études militaires. Et cependant, en France, le
service militaire pèse plus lourdement sur notre
jeunesse des écoles, forcée d'interrompre le cours
de ses études pour contracter, à 18 ou 19 ans, un
engagement avec dispense, sous condition qu'à
27 ans le succès aura couronné ses efforts. On ne
peut nier que cette année passée au régiment ne
porte une atteinte grave à la carrière d'un
grand nombre de nos étudiants, dont la situation
se trouve de beaucoup inférieure à celle des
diplômés des écoles de commerce ou des ouvriers
d'art, qui sont dispensés sans condition.

« Une plus juste appréciation des intérêts des étudiants et de ceux de l'armée permettait cependant de satisfaire aux uns et aux autres.

« Il aurait fallu, s'inspirant des résultats obtenus par nos voisins, répartir sur un plus grand nombre d'années l'année de service et les périodes de vingt-huit jours qui sont imposées par la loi à nos dispensés de l'art. 23. Voici comment on aurait pu procéder : trois mois de dressage individuel, juillet, août, septembre, puis 12 périodes de 28 jours, à raison d'une période par an, ayant pour objet et pour effet de développer et d'entretenir chez nos volontaires le goût des choses de l'armée et l'aptitude au commandement. Chaque période ayant pour consécration l'obtention d'un grade ou l'acquisition de connaissances indispensables à l'officier, on peut être certain de l'entrain que la plupart y apporteraient. Vivant ainsi dans un contact régulier avec leurs camarades de l'armée active, nos officiers de réserve ne paraîtraient plus dans ses rangs comme des gens pressés de satisfaire à une obligation pénible et de reprendre ensuite leurs travaux.

« Serait-ce une corvée plus lourde ? Non, puisque la durée serait la même ; mais pourrait-on nier l'avantage qui en résulterait pour les étudiants, dont les études ne seraient plus interrompues ? Quant à ceux qu'en tirerait l'armée, ils sont immenses, et je ne crains pas de dire qu'un

semblable système la doterait infailliblement d'un
corps d'officiers de réserve et de l'armée territoriale supérieurs à ceux des autres armées
européennes, qui, il faut bien le dire, souffrent
également de notre mal. Je n'ai malheureusement
pas qualité pour poursuivre une transformation
aussi radicale de notre système actuel ; je me borne
à la confier à vos méditations. Tout en convenant
qu'elle n'est pas sans présenter certaines difficultés
d'application avec lesquelles il y aurait à compter, il
ne faudrait pas, par exemple, en conclure en
faveur de l'adoption du service de trois mois.

« Je termine en portant un toast à l'Université, à
laquelle j'ai l'honneur d'appartenir comme inspecteur de l'enseignement primaire, en ma qualité
d'inspecteur général des écoles d'enfants de troupe.
J'ai, à ce titre, sous mon contrôle un personnel de
44 instituteurs dont je ne saurais trop louer
l'aptitude et le dévoûment. Par leurs soins, ces
enfants, naguère abandonnés aux hasards de la vie
régimentaire, reçoivent une instruction primaire
solide et une éducation patriotique qui leur
assignent une place honorable parmi nos sous-
officiers. Un grand nombre ont déjà atteint l'épau-
lette d'officier, beaucoup aspirent à l'obtenir et
font honneur à leurs modestes professeurs: je
remplis un devoir en vous faisant connaître ce
que l'armée leur doit. »

D'autres allocutions non moins remarquables
ont encore été prononcées.

M. Bouffard, secrétaire général de la Préfecture
du Calvados, en son nom et en celui de M. le Préfet,
a porté la santé du Président de la République en
termes empreints d'une grande élévation. Il a été
vivement applaudi.

M. Gillet, trésorier de la *Société des Amis de
l'Université*, organisateur du banquet, sollicité de
toutes parts, a prononcé l'une de ces improvisations pleines d'humour dont il se défend d' avoir
le secret, mais dont il a du moins l'habitude.

*Toast de M. GILLET, secrétaire de la Faculté
de Droit.*

« Messieurs, il faut vraiment, pour me décider
à dire quelques mots, l'aimable insistance de
l'assemblée tout entière et la non moins aimable
injonction d'un président à qui je ne sais rien
refuser.

« En nous voyant rassemblés autour de cette
table, et animés de si bonnes dispositions, je ne
puis m'empêcher de nous trouver bien gentils et
bien obéissants.

« On nous a dit de différents côtés : Vous devez
être bien joyeux de la naissance de votre jeune
Université ; vous n'avez pas pu fêter immédiatement cet heureux événement, parce que la saison

ne s'y prêtait pas, parce qu'on était dans les grandes chaleurs, à la fin de l'année scolaire ; mais vous tiendrez certainement à honneur de rattraper le temps perdu, et de vous réjouir — solidement — dès qu'il sera possible.

« Comme le conseil n'avait rien de morose, et qu'il était facile à suivre, nous l'avons suivi, et voilà comment nous baptisons gaîment aujourd'hui notre Université normande, l'une de quinze filles de la vénérable *Alma mater*, l'Université de France.

« Pauvre petite ! Elle a des sœurs qui sont plus riches qu'elle, pour qui la vie sera peut-être plus facile ; d'autres sont plus criardes et font entendre des vagissements assourdissants, afin de se faire donner sans doute un biberon mieux fourni..... Mais nous l'aimons telle qu'elle est, et je ne sais pas si, malgré sa petite taille et sa maigreur momentanée, elle n'est pas aussi robustement constituée que certaines autres qui ont plus d'apparence.

« Comme on le disait très justement tout à l'heure, elle sera ce que nous voudrons qu'elle soit. Rien ne serait plus aisé que de la laisser dépérir. Mais, si nous voulons la faire vivre d'autre chose que de privations — ce qui a toujours été une nourriture détestable — si nous voulons la voir grandir et prospérer, il faudra absolument nous ingénier un peu, et même beaucoup ; il faudra,

comme on dit, tenir la chandelle droite, et tra-
vailler ferme. N'est-ce pas là d'ailleurs le rôle et
le devoir naturel de tous les parents ?

« Pour le moment, nous faisons ce qu'il y avait
de mieux à faire. Nous en sommes au baptême :
nous avons choisi comme parrains des protecteurs
sérieux, des personnages connus et aimés dans
toute la région. C'est, aux côtés de notre cher
Recteur, M. le sénateur Turgis, M. le sénateur
Tillaye, M. le député Lebret, M. le maire Toutain,
M. le général Arvers, dont la présence ici est une
preuve de la cordialité qui unit toujours l'Armée et
l'Université ; c'est M. le Secrétaire général de la
Préfecture ; ce sont MM. les Inspecteurs de l'Académie.

« Nous avons aussi le plaisir de voir auprès de
nous, avec les administrateurs et tous les professeurs du Lycée, avec les représentants les plus
autorisés de l'enseignement primaire, avec les
membres les plus dévoués de la Société des Amis
de l'Université de Normandie, MM. les membres
du Conseil académique et, parmi eux, les délégués
de la Haute-Normandie, des gens huppés — c'est
bien de vous qu'il s'agit, M. Lefort — des gens
huppés, à qui je n'hésite pas à dire : Messieurs de
la Haute, n'oubliez pas la Basse ! Vous connaissez
des jeunes gens ; vous avez des élèves à Rouen, au
Havre, à Evreux, qui se tournent toujours du côté
de Paris, qui s'imaginent que là seulement on peut

étudier. Dites-leur donc qu'il y a à Caen autre
chose que des tripes succulentes et une cavalerie
superbe ; dites-leur qu'il y a encore une Université
sincèrement normande, une Université de pays,
d'un excellent cru, d'une vieille et bonne marque,
et que la science qu'on y débite est, tout aussi bien
qu'ailleurs, de qualité loyale et marchande.

« Entre compatriotes, c'est bien le moins qu'on
s'entr'aide ; unissons donc nos efforts, et le succès
sera assuré. Ce que j'en dis, moi, c'est pour
l'enfant !

« Messieurs, je bois à la prospérité, au long et
glorieux avenir de l'Université de Normandie. »

Des applaudissements et des rires répétés ont
souligné et suivi ces paroles, et M. Boudin,
l'excellent principal du collège d'Honfleur, a pu
proclamer, au milieu de l'assentiment général, que
M. Gillet pouvait donner l'exemple d'une voix toujours éloquente et d'une ardeur qui ne s'éteint pas.

Ensuite, M. Mofras a prononcé quelques paroles
chaleureuses au nom de la *Ligue de l'Enseignement*, qu'il dirige à Caen et qui recrute parmi
les membres de l'Université ses conférenciers les
plus dévoués et les plus écoutés.

M. Travers a rappelé fort heureusement les
origines et les destinées de l'antique Université
normande, dont les traditions vont refleurir parmi
nous.

M. Lefort, ex-adjoint au maire de Rouen, a affirmé en excellents termes que la noble et grande ville de Rouen s'intéresse grandement aux destinées universitaires de la capitale de la Basse-Normandie, et ne demande qu'à marcher de concert avec elle dans la même voie utile et féconde. Il a bu à l'entente amicale à établir entre les autorités rouennaises et les Facultés de Caen.

M. le docteur Auvray, directeur de l'École de Médecine de Caen et vice-président du Conseil général de l'Université, a bu à l'union des trois ordres de l'Enseignement.

Enfin M. Jourdain, du *journal de Caen*, a parlé au nom de toute la presse, « divisée sur bien des questions, unie pour tout ce qui concerne l'Université caennaise ».

Nous avons gardé pour la fin le toast de M. Sautereau, professeur au lycée Malherbe. M. Sautereau, en effet, parle la langue des dieux, et la soirée ne pouvait être mieux terminée que par la lecture de la poésie consacrée par lui aux cérémonies du jour, poésie dont on appréciera la familière élégance.

Poésie de M. SAUTEREAU.

L'UNIVERSITÉ DE NORMANDIE

L'Université normande
Est un arbre généreux,
De qui le tronc vigoureux
N'a pas germé sur la lande.

Cet arbre aux rameaux nombreux
A sa racine profonde
Dans une terre féconde,
Chère à tout un peuple heureux.

Sur la forêt de ses branches
A la rose floraison,
Chaque été voit à foison
De beaux fruits aux saveurs franches.

Fruits du cœur et du savoir,
Et d'où s'exhale pour l'âme,
Meilleur que le pur dictame,
Le parfum sain du devoir.

A ces fruits d'exquise espèce
De partout, pour s'en nourrir,
Sans cesse on voit accourir
Toute une ardente jeunesse.

Même d'au delà des mers,
L'étranger sous son ombrage
Vient, affrontant le naufrage,
Goûter ces fruits point amers.

Sous sa frondaison discrète
Viennent s'abriter souvent
Le penseur et le savant,
L'orateur et le poète.

Que l'on arrache au terroir
Cet arbre de Normandie,
Dont la tête reverdie
Refleurit, comme l'espoir;

Et, triste de cette perte,
Le joyeux pays normand,
Dont cet arbre est l'ornement,
Deviendrait terre déserte.

Souhaitons donc de longs jours
A cet arbre, qui s'élève
Plein de force et plein de sève.
Puisse-t-il vivre toujours!

Et, belle aussi d'espérance,
Belle d'immortalité,
Le front baigné de clarté,
Comme lui, vive la France!

Punch du Cercle des Étudiants.

Le Comité de l'*Association générale des Étudiants* avait eu la bonne pensée de faire coïncider, avec la première journée des fêtes universitaires, la date du *punch* annuel qu'elle offre à ses membres honoraires à l'occasion de la rentrée scolaire.

C'est donc rue Saint-Pierre, dans les salons de l'*Association*, de l'*A*, comme ils disent, que les convives du Banquet ont terminé leur soirée.

Point de discours, cela va de soi, de la gaîté seulement, de la gaîté bien jeune et franche que tous ont vivement partagée, et, faut-il le dire, manifestée sans réserve.

M. Zevort a répondu aux mots aimables du président, M. Poutas, par une de ces improvisations dont il a le secret, et qui a soulevé de chaleureux bans.

Le spirituel poète qu'est M. Travers a dit quelques-unes de ses œuvres, qui ont obtenu un gros succès de bon rire.

M. Tillaye, M. Lebret, dans quelques mots très heureux, ont donné à la jeunesse des Facultés l'assurance de tous leurs efforts... et de toutes leurs indulgences.

Puis, les plus graves d'entre les invités s'étant retirés, la fête a continué au milieu des chants et des rires que l'on devine.

DEUXIÈME JOURNÉE

———

LA deuxième journée des fêtes universitaires, occupée en grande partie par les sévères travaux du Conseil académique, s'est terminée par une représentation de gala au grand théâtre municipal, soirée offerte par la Société des Amis de l'Université aux sociétaires résidant à Caen, aux autorités présentes et aux membres du Conseil académique.

Le programme comportait trois parties, dont la première était occupée par *Mlle de la Seiglière*, l'un des chefs-d'œuvre du théâtre contemporain, exécuté par Mlle Fayolle et M. Leitner, de la Comédie-Française, M. Rosemberg, de la Porte-Saint-Martin, M. Clasis et Mlle Jéram, de la troupe du Théâtre municipal.

Il ne nous appartient pas, dans cette relation officielle, de faire œuvre de critique théâtrale. Constatons seulement que le public et la Presse ont été unanimes à proclamer l'excellence et la haute tenue de l'exécution.

Un brillant concert a suivi, dans lequel se sont fait entendre les principaux artistes de la troupe caennaise.

Dans l'intervalle, un prologue en vers, écrit spécialement pour la circonstance, a été récité par Mlle Fayolle.

L'auteur de cet à-propos, que nous reproduisons ci-dessous, est M. Ambroise Colin, professeur à la Faculté de Droit et Secrétaire général de la *Société des Amis de l'Université*.

Poésie de M. Ambroise COLIN

Vous me reconnaissez. Je suis la Normandie,
La fille des Vikings, née au pays du Nord,
La belle Scandinave, indomptable et hardie,
Aux bras d'ivoire, aux yeux d'azur, aux cheveux d'or.

C'est la fleur des pommiers qui fleurit mon corsage,
Et mêle ses parfums à ceux du flot amer;
Car les boucles flottant autour de mon visage
Gardent le goût salé des baisers de la mer.

Ma robe refléchit la couleur des prairies,
Que les molles saisons teintent d'un vert changeant ;
Les embruns, secouant leur écume en furies,
Semblent avoir tissé ma ceinture d'argent.

Et mes joyaux, ce sont mes églises gothiques,
Purs diamants, sertis d'un art prestigieux,
Érigeant dans les airs leurs clochers prismatiques,
Qui s'irrisent le soir de la splendeur des cieux !

Le double Léopard, redouté des Califes,
Semble bondir encore sous mon étendard fier,
Comme au temps qu'il tenait l'Europe dans ses griffes,
L'une sur Bénévent, l'autre sur Westminster.

— Mais le temps est passé des grandes épopées ;
L'Histoire a refermé le sépulcre pesant
Sur les héros défunts, et l'acier des épées
Devient soc de charrue au poing du paysan.

Merci donc à vous tous, ô mes fils, troupe élue,
Qui fêtez dans la paix ce jour tant souhaité,
Où, vibrants d'espérance, avec vous je salue
La fille de mon cœur..... mon Université.

Elle a dormi longtemps — telle une Valkyrie
Plongée au gouffre noir d'un magique sommeil ;
Mais elle ouvre les yeux, reconnaît sa patrie,
Et sourit aux oiseaux qui chantent son réveil.. ...

Dans ses yeux étonnés la jeunesse rayonne,
La jeunesse immortelle et sublime des dieux ;
Et, sur son front pensif, on voit une couronne
Étincelante encore de beaux noms glorieux.

Et ces noms, ce sont ceux du Panthéon superbe,
Des Normands que décore un laurier éternel:
Auber près de Poussin, Corneille après Malherbe,
Et Laplace, dont l'œil a mesuré le ciel.

Elle parle et nous dit : « L'avenir magnifique
S'ouvre, temple de marbre, à vos efforts rivaux ;
L'Histoire tient en main son burin pacifique,
Penseurs, pour y graver vos noms et vos travaux.

Proche est déjà le temps où la nature entière,
Pour vous déchirera son voile virginal,
Voici que l'œil humain, à travers la matière,
Plonge comme à travers un transparent cristal !

L'homme lutte ; il grandit en génie, en audace :
Qui sait si, quelque jour, dans un suprème effort,
Ayant déjà vaincu le temps, le poids, l'espace,
Il ne finira point par terrasser la mort ?

Sur le seuil des palais, sur le seuil des chaumières,
La science en éveil vient s'asseoir tour à tour :
Qu'elle soit le foyer rayonnant de lumières,
Qu'elle soit le brasier réconfortant d'amour !

Sa richesse se fait la servante sereine
De la misère auguste à qui manque le pain,
On la voit, dans les plis de son manteau de reine,
Laver les pieds du pauvre ainsi qu'au Jeudi Saint ! .....

Puisque l'Humanité vogue vers le mystère,
Hardis navigateurs, dignes fils de Rollon,
Debout dans les huniers, c'est vous qui crierez : « Terre ! »
Devant l'Eldorado promis à l'horizon !

Et vous aborderez sur les lointains rivages,
Pilotes, vers le port guidant le genre humain,
Non pas, comme autrefois, avec des cris sauvages,
La hache sur l'épaule et la torche à la main.....

Mais, portant devant vous les palmes triomphales
Dont la paix, sur l'autel, décore son beau front,
Vous les pendrez aux murs des cités idéales,
Où les peuples unis bientôt communieront !

COURS D'HISTOIRE DE L'ART & DE LA LITTÉRATURE
De Normandie

NOUS croyons être agréable à tous nos lecteurs et donner en même temps un excellent aperçu des enseignements spéciaux que peut et doit comporter notre Université normande, en reproduisant ci-dessous la leçon inaugurale qu'a prononcée M. Souriau, professeur à la Faculté des Lettres, en prenant possession de la chaire *de Littérature et d'Art normands*, créée, on s'en souvient, grâce aux libéralités combinées de l'État, de la ville de Caen et de la *Société des Amis de l'Université*.

Leçon inaugurale de M. SOURIAU.

MONSIEUR LE RECTEUR,
MESDAMES, MESSIEURS,

L'usage veut que le professeur, en montant pour la première fois dans une chaire, fasse l'éloge

de son prédécesseur; et certes, rien ne m'est plus
facile que de me conformer à cette tradition,
puisque j'ai à parler de M. Gasté, dont tout le
monde ici apprécie la connaissance approfondie
de la littérature française en général, et, plus
spécialement encore, de ce que j'appellerai: la
littérature française de Normandie. Je suis d'autant
plus à mon aise pour traduire vos sentiments et
les miens, que, par une chance spéciale, n'ayant
pas à parler d'un prédécesseur mis à la retraite,
mon éloge ne ressemblera pas à un adieu: vous
entendrez après-demain M. Gasté dans sa chaire
de littérature française.

Celle qu'il me laisse est la plus jeune de toutes
les chaires de l'Université, et pourtant elle a déjà
son histoire. Je voudrais aujourd'hui vous parler
de son avenir, tel qu'il a été tracé dans une lettre
magistrale que M. le Recteur Zevort adressait le
9 octobre 1894 au Conseil municipal de Caen, pour
lui demander son concours financier en vue de la
création de cette chaire d'art et de littérature de
Normandie : « On a pu s'étonner que la Normandie,
si riche en monuments, dont la littérature est si
originale, et qui a une physionomie bien distincte,
une place à part dans notre grande unité nationale,
ne possédât pas une chaire d'histoire de l'art et de
la littérature normande.... Dans la récente visite
qu'ils ont faite à Caen, les délégués des Universités
étrangères ont témoigné leur surprise de ne pas

trouver ici une institution de ce genre, qui
répondrait à des vœux presque unanimes, et qui
serait appelée, à n'en pas douter, à un succès du
meilleur aloi.... La Normandie serait dotée, grâce
à la ville de Caen, d'une chaire qui ne deviendrait
pas seulement la première en importance et en
prestige dans l'Université normande: elle serait
comme le germe de cette Université. » Se rendant
aux raisons de notre Recteur, le Conseil municipal,
à l'unanimité des vingt-trois membres présents,
votait les trois mille francs de subvention annuelle
nécessaires pendant trente ans pour la création de
cette chaire, l'État faisant le reste. Cette unanimité, toute à l'honneur de ceux qui comprenaient
si bien les intérêts supérieurs de leur ville, est
rare dans l'histoire du développement local des
Universités.

Pourtant, cette création caennaise fait partie
d'un vaste mouvement qui s'est produit dans la
France entière, et qui, s'il était encore besoin de
convaincre par l'exemple du voisin quelques
esprits hésitants, prouverait qu'on a eu raison de
faire en Normandie ce que les villes soucieuses
de leur Université n'hésitaient pas à accomplir
par toute la France. Dans la dernière discussion
qui eut lieu au Sénat en juillet dernier pour la
transformation définitive de nos Facultés, M. Rambaud, en qui nous aimons à saluer un grand maître
de l'Université vraiment universitaire, M. Ram-

baud montrait aux membres de la haute Assemblée Bordeaux créant une chaire de l'histoire du
Sud-Ouest, Nancy une chaire de l'histoire de l'Est,
Poitiers et Clermont instituant des cours d'histoire
locale, Lille s'offrant une chaire de langue et littérature picardes, Aix une chaire de littérature
provençale, Toulouse et Grenoble des chaires de
littérature espagnole et italienne, enfin Caen la
chaire où j'ai l'honneur de parler aujourd'hui. Et
notre ministre tirait de tout cela une conclusion
irréfutable : « Ce mouvement de créations si
variées me paraît très intelligent, parce qu'il tend
à rattacher les Facultés à la région au centre de
laquelle elles sont installées, parce qu'il tend à les
y faire aimer. »

C'est à moi qu'est réservé dorénavant l'honneur
de remplir ce programme pour la Normandie : je
ne me dissimule pas l'étendue et, par conséquent,
la difficulté de la tâche. Pour éviter à mes auditeurs une arrière-pensée, qui serait du reste très
naturelle, en m'écoutant développer le plan très
vaste que je vais leur proposer, je leur dirai : Si
vous trouvez l'œuvre que j'indique disproportionnée
avec mes forces, n'oubliez pas que je montre
surtout ce que pourrait être cette chaire, ce qu'elle
sera peut-être un jour, si elle est dignement
occupée. L'idéal que je me forme du rôle que doit
jouer le titulaire de cet enseignement est irréali-
sable pour un travailleur qui chercherait à épuiser

à lui seul les trois grandes sources d'étude que
cette chaire vient de centraliser ; je ne puis
garantir qu'une chose ; je m'efforcerai énergi-
quement de me rapprocher de cet idéal, en
circonscrivant le terrain de mes efforts.

I

Et d'abord, l'art normand ! Ne serait-ce pas une
tâche exigeant la vie entière d'un spécialiste, que
de cataloguer les trésors qui sont compris sous ce
nom, de les faire connaître, de les révéler à ceux
qui, vivant auprès d'eux, les ignorent ou les
méconnaissent ? Sans sortir même de cette ville,
combien de chefs-d'œuvre nous entourent, que
nous côtoyons indifférents, ne voulant voir de
ces monuments que leur affectation pratique, et
passant insensiblement de l'habitude de les avoir
sous les yeux à une hébétude qui détruit leur effet
artistique. Si je demandais en effet à mes auditeurs
quelle impression leur produit ce mot « l'église
Saint-Pierre », les uns diraient : « c'est là que je
vais à la messe » ; les autres : « c'est très commode
pour accrocher des fils électriques » ; les autres
enfin : « c'est toujours en réparation ». Mais combien se rappelleraient immédiatement qu'ils doivent
les plus pures émotions artistiques à ce monument,
toujours beau à toutes les époques de l'année,
mais qui, comme les vrais chefs-d'œuvre, a sa

saison et son heure où il est plus particulièrement
en beauté, notamment pendant ces couchers de
soleil d'été, où, se détachant sur l'azur pâli, cette
admirable flèche, rosée par la lumière du soir, se
dresse, faisant oublier au passant hypnotisé (1)
la rue quelquefois boueuse, les maisons grises et
peu artistiques qui l'entourent, et développant en
lui cette extase qu'éveillent les formes matérielles
où l'artiste a su enfermer un idéal, quel qu'il soit?
Et si, passant de l'ensemble au détail, le specta-
teur a eu la bonne fortune d'entendre la conférence
de M. Gasté, ou de lire sa brochure, sur un chapi-
teau de cette église, son émotion artistique sera
consolidée pour ainsi dire par la connaissance de
ces curieuses sculptures, que seuls des yeux
d'archéologue peuvent découvrir et faire voir aux
profanes. — Si, traversant la rue, nous songeons
à « la Bourse », là encore, quelle est la sensation
pour ainsi dire immédiate qu'éveille ce mot? Les
uns diront que c'est le siège du tribunal de
commerce ; les autres, qu'on y fait les conférences
de la ligue de l'Enseignement, et certes ce n'est
pas à moi à en médire. Mais qui connait le nom
même de cet hôtel et sa valeur architecturale ? —
J'en pourrais dire autant de notre lycée. Bien
entendu, il est très bon de savoir qu'on y fait

(1) Cf. Paul Souriau, *La suggestion dans l'art*, Alcan,
1893.

d'excellentes études ; mais il ne serait pas inutile
d'apprendre en outre que ce n'est pas seulement
le plus beau lycée de France, que c'est encore un
monument qui renferme des curiosités de premier
ordre : panneaux, boiseries, grilles et balustrades
en fer, etc..... Est-il nécessaire d'insister, et tout
cela ne suffit-il pas pour nous démontrer ce que
j'avançais tout à l'heure : l'art normand est si riche,
que, même sans sortir de Caen, il faudrait des
années de travail et de cours pour en répandre
dans le public la connaissance intégrale.

II

On aurait du moins, pour mener à bien cette
étude, des monographies et des livres d'ensemble
écrits par des Normands, et qui prouvent que nos
érudits n'ont pas attendu la création de cette
chaire pour exploiter eux-mêmes les trésors de
leur sol. Il n'en est malheureusement pas de même
pour tout ce qui concerne les travaux philologiques
sur le normand. Tout en rendant hommage aux
efforts des travailleurs bénévoles qui ont apporté
à ces études beaucoup de conscience et de patience,
je dirai que, de ce côté, cette chaire, permettant
d'étudier scientifiquement les parlers de Normandie, nous soustraira plus ou moins tôt à une
situation humiliante qu'il faut bien avouer ici :
actuellement, si un jeune étudiant désire se faire

initier à la connaissance approfondie de la phoné-
tique du normand, pour l'ancien dialecte, et
même pour les patois actuels, il n'a qu'une chose
à faire : sa valise ; puis il prendra un train pour
l'Allemagne et suivra, à l'Université de Halle, le
cours de M. Suchier, le maître romaniste, sous la
direction duquel un certain nombre d'étudiant,
devenus à leur tour des professeurs, exploitent
comme champ d'études le patois normand, qu'ils
n'ont pas trouvé suffisamment défriché par nous (1).
Et que l'on ne suppose pas qu'une université
capable de s'offrir, outre les cours nécessaires, un
pareil luxe scientifique, est le plus riche des établissements allemands : d'après la dernière statis-
tique publiée par la *Revue internationale de
l'Enseignement*, Halle, sur les vingt universités
allemandes, est la cinquième environ comme
nombre de professeurs, et la quatrième à peu
près comme chiffre d'étudiants. Ici encore, il faut
espérer que la création de cette chaire permettra
un jour à un spécialiste de reprendre à l'Allemagne
ce qui nous appartient. Vous vous associerez,
Messieurs, au vœu que je forme pour qu'un jour
un travailleur bien préparé puisse prendre et
mener à bon fin ce labeur, qui, comme l'art normand, demande bien à son tour une vie d'homme.

(1) J'emprunte ces détails à la très intéressante brochure
d'un de nos anciens étudiants, M. Charles Guerlin de Guer :
Le patois normand (Champion, 1896), p. 69.

III

Et maintenant, Messieurs, pour aborder enfin la littérature normande, à laquelle mes études antérieures m'ont assez préparé pour que j'aie pu accepter sans trop d'inquiétude une besogne qui n'avait pas encore été le but de ma vie de travailleur, ici encore nous allons trouver des richesses dont l'importance et l'abondance méritent plus et mieux que ce que je pourrais faire, réduit à mes seules forces.

Avant de dire comment nous étudierons cette littérature, il est indispensable de commencer par définir ce qu'elle est au juste. En effet, tandis que l'art normand, le patois normand sont des choses très claires, très nettes, faciles à déterminer, il n'en est pas de même pour cette expression plus vague au premier abord : *la littérature normande*. Est-ce toute œuvre d'un écrivain né en Normandie ? Est-ce une œuvre bien normande écrite par un bon Normand ? Est-ce un tour particulier, régional, donné à des idées françaises ? Est-ce, dans toute la rigueur du terme, l'œuvre littéraire composée en « Normand », c'est-à-dire la littérature très ancienne écrite en dialecte normand, ou, si j'ose m'exprimer ainsi, une littérature moderne qui serait écrite en patois normand ? Cette dernière définition restreindrait singulièrement, et injustement, le domaine de

ces études ; ce serait faire d'un élément, sans doute
très important, le principe essentiel de cette
littérature. Mistral, quand il écrit en français, n'est-
il pas encore et toujours le grand poète provençal ?
Le poème de Jean Aicard, *Miette et Noré,* pour
être composé en fort beaux vers français, n'est-il
pas un joyau de la littérature provençale ? Et, pour
sortir de chez nous, le comte Tolstoï cesse-t-il
d'être le plus illustre écrivain russe quand il
daigne écrire en Français ? Le grand musicien
Tchaïkovsky n'a-t-il pas exprimé l'âme russe,
l'âme d'un petit enfant russe, dans ces délicieux
vers français qu'il balbutiait tout petit, et que *le
Temps* reproduisait il y a huit jours ?

Puis qu'un Normand, tout en étant un excellent
Français, et en parlant le français le plus pur, se
réclame pourtant de la Normandie avec fierté, et
se prétend à la fois très français et très normand,
ne pouvons nous chercher si, dans l'immense
trésor de la littérature française, il n'y a pas
quelques joyaux de haut prix qui appartiennent
plus spécialement à la Normandie, qui procèdent
de sa race, de son sol, de son génie, qui consti-
tuent ce que j'appelais en commençant la littérature française de Normandie, ce qui fera en réalité
le fond même de ces conférences.

Qu'est-ce qu'un auteur normand ? Ce n'est pas,
suivant moi, un petit écrivain, ayant écrit pour sa
petite ville, dans un style du cru, profondément

ignoré de tous, sauf de quelques érudits, et qu'on pourrait, sans trop d'inconvénients, laisser reposer dans sa poussière. Je n'aime pas, pour mon compte, les exhumations littéraires. Je définirais ainsi l'auteur normand : c'est un auteur français, né en Normandie, ayant porté dans la littérature française ses qualités provinciales et nationales, assez normand pour que la Normandie puisse s'en enorgueillir, assez français pour que tout le monde en France puisse s'y intéresser ; ayant droit à une statue aussi bien en France qu'en Normandie, ou encore ayant droit à une statue dans un musée normand, à un buste, voire à un simple médaillon dans un musée français.

Dans le désir d'arrondir mon domaine, je n'irai pas jusqu'à étudier les Normands d'occasion, ceux que le hasard d'un voyage a fait naître dans une région qu'ils ont quittée bientôt, sans lui devoir rien autre chose que leur lieu de naissance. Il serait aussi injuste de les annexer à notre littérature que de compter Auber parmi les musiciens normands, sous prétexte qu'un accident a permis à notre ville de le compter parmi ses enfants imprévus.

Par contre, je me demande si l'on ne pourrait en toute justice accrocher dans notre musée littéraire les œuvres qui, bien que composées par des français n'ayant aucun rapport de naissance ou d'existence avec notre province, ont pourtant subi très fortement l'influence des mœurs, de l'esprit, du paysage, du climat de Normandie. Ce n'était pas pour les besoins de ma cause que M. Larroumet signalait, il y a deux ans, l'impression profonde exercée par le génie normand, ses légendes, ses superstitions, sur certaines œuvres de V. Hugo et de ses fils (1).

S'il me fallait à toute force renoncer à ces œuvres-là, ce serait sans doute un grand regret de ne pouvoir analyser avec vous le génie de V. Hugo, vous montrer, dans cette lumière éblouissante, une raie, ou, pour employer un mot plus accessible à tous, un rayon que la décomposition exacte de ce génie nous permettrait d'attribuer à la Normandie. Mais il n'est pas besoin de nous aventurer sur les limites extrêmes de nos possessions, sur les territoires que l'on pourrait nous contester. Sans sortir des frontières légitimes de mon domaine, je puis, dans la limite de mes moyens, rendre à la Normandie littéraire l'hommage qui lui est dû, et donner aux Normands, en échange de l'accueil que j'ai reçu chez eux, la connaissance plus approfondie des trésors littéraires qui leur appartiennent en propre, partant, la conscience plus nette de la valeur intégrale de leur race et de leur province. N'est-ce pas, en effet, se montrer jusqu'à un certain point injuste pour la Normandie, que de ne

(1) *La maison de V. Hugo*, Champion, 1895.

vouloir reconnaître en elle qu'un pays riche ?
N'est-ce pas ainsi que dernièrement, pour l'expo-
sition de Rouen, le maître graveur Roty a compris
et symbolisé ce pays, dans cette admirable médaille
que connaissent de trop rares initiés ? Au premier
plan, à moitié couchée sur le sol, une forte fille
de la campagne travaille, tandis que, jusqu'à l'horizon, dans une perspective dont les plans se suc-
cèdent avec une profondeur étonnante, donnant,
en ce cadre étroit, l'illusion d'une vue ouverte sur
les plaines immenses et fécondes, les forces matérielles de la terre normande apparaissent, super-
bement et simplement traduites aux yeux par le
talent génial du maître. Et l'inscription précise
encore ce qu'il y a d'éloquent à la fois et d'étroit
dans ce symbole de la province: *Normannia
nutrix !* Soit : le mot est vrai, en partie, mais il est
incomplet ; et, puisque l'histoire métallique aime à
parler latin, ne pouvons-nous emprunter à Virgile
son cri d'admiration pour la terre de Saturne, et
dire à la province normande :

> Salve, magna parens frugûm....,
> Magna virûm !

Oui, elle produit des moissons, et aussi des
hommes ; parmi ces hommes, parmi ces gars normands, pour parler son langage, on trouve des
écrivains de premier ordre dont les œuvres, en

nombre aussi bien qu'en valeur, sont si considé-
rables, que, pour les étudier devant vous, je fais
appel ici à la collaboration de tous ceux qui
aiment leur petite patrie dans la grande, conviant
les travailleurs à appliquer avec moi à la littérature
normande la méthode du travail collectif, qui
permet à nos rivaux scientifiques de nous
dépasser pour le chiffre, sinon pour la valeur des
œuvres publiées, méthode qui s'impose partout,
même ici.

Il faudrait donc fonder, comme disent les
Allemands, un séminaire normand, une sorte de
laboratoire de recherches, où chacun apporterait
sa contribution. Et l'on voit d'ici quels précieu
concours seraient facilement obtenus : archivistes
des départements et des villes, bibliothécaires de
dépôts publics, membres de ces sociétés savantes
qui, étant presque toutes des instituts au petit
pied, disséminent leurs efforts, et ne spécialisent
pas assez leurs recherches. Combien vite les
archives, les actes notariés, les papiers de famille
nous auraient-ils révélé leurs secrets, si l'on
commençait à plusieurs une enquête méthodique.
C'est seulement en réunissant tous ces efforts,
isolés et perdus, que l'on pourrait commencer
pour la Normandie littéraire une bibliographie
tous les jours plus nécessaire. Il est à peine besoin
d'indiquer à la fois la nécessité et l'impossibilité
d'une bibliographie complète pour ce chapitre de

l'histoire littéraire de la France qui s'appelle la littérature normande. On sait de reste que, si une bibliographie étendue s'impose pour un travail d'ensemble, une bibliographie complète est indispensable pour une monographie. Or un travailleur isolé ne peut matériellement pas dresser une bibliographie satisfaisante: une association le peut; de même qu'il y a quelqu'un qui a plus d'esprit que Voltaire, il y a quelqu'un qui est mieux documenté que le plus érudit des bibliographes, et c'est également M. Tout-le-monde, qui, quelquefois au hasard d'une rencontre, découvre et signale un document qui avait échappé aux recherches passionnées d'un vrai savant. Si l'on pouvait embrigader ces partisans qui parcourent le domaine de la littérature normande, chacun pour son compte et au petit bonheur, quelle puissance dans cet effort ainsi concentré!

Et cette enquête sur la littérature ancienne ou même simplement un peu éloignée de nous, ne serait pas la seule que l'on pourrait mener à bien. Il ne faut pas oublier que chaque jour, par notre indifférence, notre inertie, ou encore par l'impossibilité de sauver des renseignements précieux mais inconnus, disparaissent des documents, bientôt irréparables, sur les grands écrivains nos contemporains. Si nous songeons aux romanciers illustres à différents titres, comme Octave Feuillet ou Flaubert, à des poètes d'inspirations si diverses,

comme Vacquerie, Bouilhet, Glatigny, etc., ne
devons-nous pas penser en même temps que
ceux qui les ont connus personnellement s'en
vont, disparaissant tous les jours, emportant avec
eux des documents oraux de premier ordre,
souvenirs d'enfance ou de collège, camaraderie de
vingt ans, conversations où les débutants, mettant
tout leur cœur, tous leurs projets, révèlent en
même temps leur point de départ, et la genèse
de leur talent; des documents écrits précieux,
manuscrits inédits, premières ébauches, corres-
pondances intimes que des héritiers ignorants ou
trop prudents laissent perdre, ou brûlent. Et sans
doute il faudrait critiquer tous ces témoignagnes,
sans rien mépriser pourtant; car, si une calomnie
est un mensonge, une médisance est un rensei-
gnement. Les historiettes de Tallemant ne sont
point paroles d'Évangile, et néanmoins il s'en faut
servir. La vie de Malherbe par Racan n'est pas
d'une précision très scientifique, et cependant le
génie même de Malherbe nous paraîtrait moins
clair si nous n'avions pas les causeries de Racan
sur son maître.

Peut-être, Messieurs, vous ai-je si bien con-
vaincus de l'utilité de cette double enquête menée
en commun, que vous êtes maintenant tentés de
dire: « Qui donc profitera de tous ces efforts
agglomérés ? Serait-ce par hasard le titulaire de
la chaire normande, le directeur de cette agence

littéraire ? » Non, Messieurs ; car la plus vulgaire
probité scientifique exige que l'on cite toujours
par leur nom les collaborateurs d'une œuvre
collective, avec la délimitation du terrain qui leur
avait été confié : ainsi, sur la carte de l'état-major,
figurent les noms des officiers qui l'ont dressée, et
l'indication du terrain qu'ils ont relevé. — Les
efforts de ces auxiliaires seraient encore récom-
pensés d'une autre façon : si le professeur
idéal dont je trace ici l'image était dans la réalité
à la hauteur de ses fonctions, il rendrait à ces
travailleurs un service assez nécessaire : il leur
apprendrait la méthode moderne, qui permet de
joindre aux anciennes qualités de la critique
française, sens littéraire, idées générales, etc., les
habitudes de précision scientifique que nous
sommes obligés de contracter. Tout en reconnaissant qu'il y a beaucoup de livres de début,
signés par des débutants d'âge respectable, qui
sont excellents, on peut dire que, trop souvent,
des gens très estimables, retirés des affaires ou
mis à la retraite, prennent leur désœuvrement pour
une vocation scientifique et littéraire : à ceux-là
ne pourrait-on enseigner, en vue de leur bien
particulier et de l'intérêt général, qu'il y a une
technique à apprendre pour faire un livre comme
pour tisser du coton ou pour diriger une exploi-
tation agricole ; on ne doit pas plus s'improviser
auteur qu'on ne peut se lancer sans préparation

dans le commerce ou l'industrie : dans les deux
cas on risque la faillite.

Voilà, et je n'ai pas épuisé la question, voilà ce
que l'on pourrait faire en littérature normande.

Si le but à atteindre est beau, la réalisation de
ce projet est-elle facile ? Comment arriver à se
mettre en rapport avec des travailleurs souvent
d'autant plus modestes qu'ils ont réuni les éléments
d'une œuvre plus sérieuse ? Le titulaire de la
chaire normande pourrait le faire, tout en payant
sa dette de reconnaissance à la Société des Amis
de l'Université : il pourrait aller, au nom de cette
Société, dans les centres où est né, où a grandi,
où a vécu un grand Normand, montrer ce qu'on a
fait sur lui, ce qu'il reste à faire ; éveiller chez un
lettré local l'ambition d'écrire une de ces monographies définitives qui sont à l'honneur de celui
qui les écrit, au profit de tout le monde, de l'auteur
étudié et de sa province.

IV

En unissant ainsi nos efforts, Messieurs, nous
pourrions suffire à la tâche qui convient si bien à
des Normands : mettre eux-mêmes en valeur leurs
mines littéraires. Il faudrait pouvoir inscrire sur
toute œuvre née en Normandie, cet avis : « pro-
priété provinciale ». Il faudrait tenir à honneur
que tout auteur normand n'eût que des biographes

normands. Il faudrait que la Normandie fît
connaître elle-même sa littérature au reste du
pays, et n'attendît pas que, d'un autre coin de la
France, un voyageur littéraire, sachant la terre
normande inexplorée, vînt révéler aux gens d'ici
les ressources qui leur appartiennent. Pour pré-
ciser par un exemple, n'est-il pas surprenant que,
depuis dix ans, la critique normande n'ait écrit sur
Malherbe qu'à peu près trois cents pages, tandis
que la critique française (même en négligeant les
articles de revue) a écrit sur le même sujet plus
de seize cents pages ?

Nous comblerons une autre lacune en faisant
cette année notre cours de début sur Malherbe.
Peut-être, chose curieuse, sera-ce du même coup
le premier cours d'ensemble que l'on ait fait sur
Malherbe à Caen, de mémoire d'homme : je dis
« peut-être », car les archives de la Faculté
n'existent pas, et j'ai dû m'en remettre sur ce
point à la tradition orale.

Mon ambition n'est pas de vous révéler un
Malherbe inédit, mais de vous aider à connaître ce
poète trop peu connu ici, trop peu prophète dans
son pays. Je puis bien dire, avec Sainte-Beuve, et
avec plus d'humilité vraie que lui : « Pourquoi n'en
reparlerais-je pas, dussé-je répéter bien des
choses que d'autres ont trouvées dès longtemps,
et quelques-unes de celles que j'ai dites moi-même
ailleurs, mais en donnant cette fois à mes consi-

dérations tout leur développement, et à ma
description tout son jour ? La route est battue ; y
faire remarquer, chemin faisant, deux ou trois
points de vue nouveaux, les montrer, non point les
créer, je ne prétends pas à plus. »

V

Malgré ces sincères réserves, peut-être trou-
vera-t-on que ce tableau d'ensemble, esquissé pour
l'avenir de la chaire normande, est trop vaste, que
ce plan est trop ambitieux. Peut-être. Mais je
finirai par ce que je vous disais en commençant:
je ne vous ai pas dit là ce que je ferai, mais ce
qu'il faudrait faire, ce qui, je l'espère, sera fait un
jour par un autre que moi.

Et puis, n'est-il pas naturel de se laisser aller
à concevoir, comme dit le poète,

de longs espoirs et de vastes pensées,

à se sentir animé d'une foi robuste et féconde en
l'avenir de cette chaire spéciale comme aussi de
l'Université normande, après les paroles géné-
reuses que nous avons tous applaudies à la rentrée,
vraiment solennelle cette année, de l'Université,
après les excellentes choses développées sur un
ton plus familier aux toasts des deux fêtes du soir ?

Je suis particulièrement heureux d'être le premier à vous dire, Monsieur le Recteur, devant les collègues qui m'ont fait l'honneur et le plaisir d'assister à mon premier cours, et dont je traduis, je le sais, les sentiments, je suis heureux de vous dire, en complétant des paroles qui vous ont été adressées dans une autre enceinte : — On vous a félicité, Monsieur le Recteur, d'être resté à Caen ; c'est nous qui nous félicitons d'avoir gardé à notre tête le recteur affable, bienveillant, et juste, à qui je ne pourrais rendre meilleur hommage qu'en disant de lui : il est avant tout un homme de conciliation.

CAEN — IMPRIMERIE CH. VALIN, 7 ET 9, RUE AU CANU

www.ingramcontent.com/pod-product-compliance
Lightning Source LLC
Chambersburg PA
CBHW071113210326
41519CB00020B/6280